# 中外建筑史

主　编　张永志　石　丹　周　丹
副主编　张　能　孙永庆

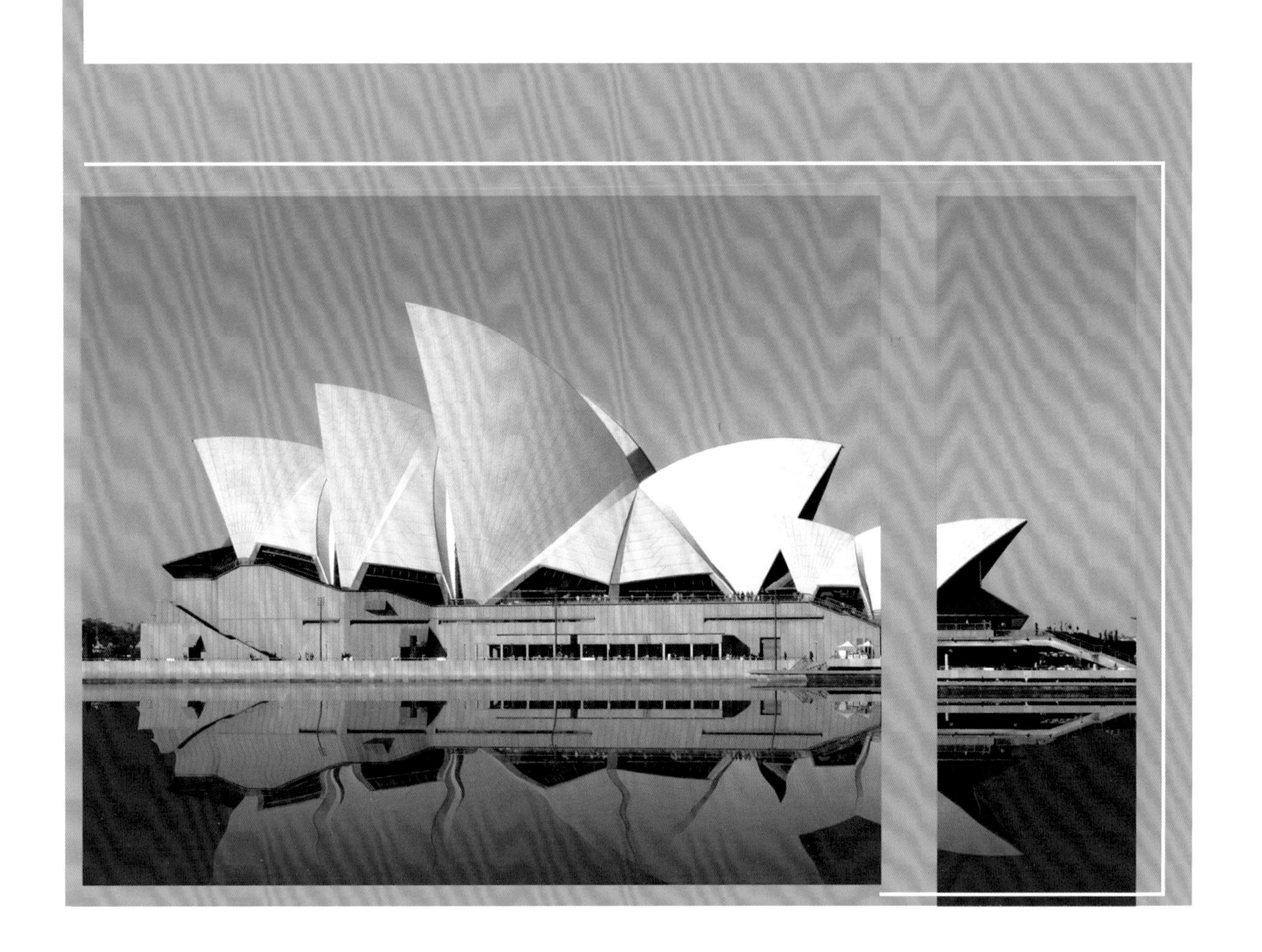

北京理工大学出版社
BEIJING INSTITUTE OF TECHNOLOGY PRESS

## 内 容 提 要

本书以翔实的史料和大量的图片，将中外建筑史按时间和建筑类别加以论述，并介绍一些有代表性的建筑大师及其设计理论和设计观点。全书分为两篇共十二章，第一篇中国建筑史主要包括：原始时期的建筑活动；秦汉时期的建筑；魏晋南北朝时期的建筑；隋唐、五代十国时期的建筑；宋、辽、金、西夏时期的建筑；元、明、清时期的建筑；中国近现代建筑。第二篇外国建筑史主要包括：外国古代建筑；欧洲中世纪的建筑；欧洲15—18世纪的建筑；欧美资产阶级革命时期的建筑；欧美近现代建筑（20世纪以来）。

本书可作为高等院校建筑设计、建筑学、建筑装饰、城市规划、环境艺术等相关专业的必修或选修课程教材。



**图书在版编目（CIP）数据**

中外建筑史 / 张永志，石丹，周丹主编.—北京：北京理工大学出版社，2020.1

ISBN 978-7-5682-7726-6

Ⅰ.①中…　Ⅱ.①张… ②石… ③周…　Ⅲ.①建筑史－世界－高等学校－教材　Ⅳ.①TU-091

中国版本图书馆CIP数据核字（2019）第242343号

出版发行 / 北京理工大学出版社有限责任公司
社　　址 / 北京市海淀区中关村南大街5号
邮　　编 / 100081
电　　话 / （010）68914775（总编室）
（010）82562903（教材售后服务热线）
（010）68948351（其他图书服务热线）
网　　址 / http：//www.bitpress.com.cn
经　　销 / 全国各地新华书店
印　　刷 / 天津久佳雅创印刷有限公司
开　　本 / 889毫米×1194毫米　1/16
印　　张 / 7.5
字　　数 / 237千字
版　　次 / 2020年1月第1版　2020年1月第1次印刷
定　　价 / 59.00元

责任编辑 / 钟　博
文案编辑 / 钟　博
责任校对 / 周瑞红
责任印制 / 边心超

建筑设计是人类活动的一项基本内容，承担着为人类提供活动场所的职能。在人类征服和改造客观世界的漫长历程中，建筑设计一直受到场地、材料、尺度、光线、气温、通风、时间等客观条件的限制。同时，由于宗教信仰与政治哲学的原因，不同时期流行的建筑形式，也往往受限于当时的社会主流思潮，这其中包含思想、政治经济制度及文化风俗方面的相关理念。因此，这就意味着建筑设计要以自然环境及地域传统为背景，以日常生活为基础，凭借清晰的逻辑思维将具体需求逐步抽象化，寻找和描绘出某一场所的形式特征，而这种形式最终又必须遵循人类生存的极其具体的本性，实现技术与艺术、功能与形式的统一。

长期以来，中外建筑设计是在相对封闭的系统内各自沿着不同的道路前进的。首先，从根本上说，不同的自然地理条件提供了不同的建筑材料，为其各自的建筑设计提供了不同的可能性。传统的中国建筑始终围绕木料进行设计，其历来沿用的梁柱式构架结构很少受外来因素的影响，系统独立，历史悠久，这与西方传统建筑的演变程序大相径庭。希腊的古代木料建筑在公元前若干世纪就已被石料建筑所取代，建筑结构由构架转变为垒石。其次，不同的社会结构促使建筑空间布局设计向不同的方向发展。中国古代社会长期处于中央集权专制统治状态，传统的中国建筑始终以当时的君权为核心，从一开始就不是以单一的独立建筑物为目的，而是推崇多个建筑物之间的整体设计，形成了以波澜壮阔、气势恢宏的封闭群体院落为主要形式的格局。与此不同的是，西方古代社会长期处于分裂割据、对峙并立的状态，这为区域文化的发展提供了极大空间，所以西方传统建筑重视主体意识，强调个性观念，从而形成了以高耸挺拔、雄伟壮观的开放单体组合为特色的格局。另外，由于文化形态与审美观念的不同，中外建筑设计也表现出了不同的艺术追求。中国传统观念讲究人伦道德，向往天人合一的自然境界，在建筑设计上体现为强调礼制秩序，追求宁静清朗、平和知足、与自然和谐统一的精神；而西方则重视宗教信仰，主张以人为中心，形成了风格变化多样、形态崇高轩昂的建筑形式。

历史上，中国传统建筑的艺术风格与结构技术曾对邻国的建筑设计产生过重大影响，在人类文明史上留下了灿烂辉煌的印记。然而，建筑艺术是历史发展的产物，建筑设计活动与当时的自然环境、地域传统、社会经济、文化观念、宗教思想和科学技术的发展密不可分，新一代的建筑设计总是在上一代的基础上推陈出新、去粗取精、继承革新的情况下产生的。我们只有了解了建筑的历史，才能有所发展；只有通过分析、借鉴历史上的各种建筑思想与设计手法，研究那些优秀作品的创作背景及艺术价值，才能适应当今社会的现实需要。

建筑史是建筑装饰、规划及室内设计等从业人员必备的建筑知识。本书对内容广博的建筑史知识进行概括和提炼，分别讲述中国和外国建筑的起源与发展概况。其中，中国建筑史部分包括一至七章，对中国古代建筑的发展概况，古代建筑特征，古代城市建设概况，宫殿、古典园林、住宅、坛庙、陵墓及宗教等建筑类型和近现代建筑进行详细阐述，着重介绍各类建筑的经典实例；外国建筑史部分包括八至十二章，对各个历史阶段最具代表性的建筑风格、建筑流派及其代表人物进行介绍，尤其对典型建筑风格与流派的代表作品进行深入分析，使学生开阔视野、拓展思维、提高建筑素养，从中学习和借鉴优秀建筑的设计构思及处理手法，并能将其运用于建筑考察和设计创作活动。

本书根据建筑设计专业的培养目标和教学要求，在编写中力求做到内容精练、重点突出、通俗易懂、图文并茂，既可适应不同学校教学的安排，又增加了本书的实用性和可阅读性。

除此之外，本书还配套了丰富的二维码资源，用手机扫码即可观看，实现线上、线下互动学习，提高学生的学习兴趣。

由于时间仓促，编者水平有限，书中难免有不足和疏漏之处，敬请各位读者批评指正。

**编　者**

# 目录 Contents

## 第二篇　外国建筑史 / 052

# 第一篇　中国建筑史

# 第一章　原始时期的建筑活动

中国建筑以长江黄河一带为中心，受此地区影响，其建筑形式类似，使用材料、工法、营造语言、空间、艺术表现与此地区相同或雷同的建筑，皆可统称为中国建筑。中国古代建筑的形成和发展具有悠久的历史。由于幅员辽阔，各处的气候、人文、地质等条件各不相同，从而形成了中国各具特色的建筑风格。其中民居形式尤为丰富多彩，如南方的干栏式建筑、西北的窑洞建筑、游牧民族的毡包建筑、北方的四合院建筑等。

中国建筑史主要分为中国古代建筑史及中国近现代建筑史。

## 第一节　上古时期的建筑活动

### 一、旧石器时代遗址

在旧石器时代，人类的居住方式主要有两种：一种为天然洞穴。《易・系辞》有“上古穴居而野处”的记载，如北京猿人居住岩洞，类似的居住岩洞在辽宁、湖北、贵州、广东、江西、浙江等省（区）均有发现。另一种为巢居，这在古代文献中多有记载，如《韩非子・五蠹》：“上古之世，人民少而禽兽众，人民不胜禽兽虫蛇。有圣人作，构木为巢，以避群害。”巢居大约流行于地势低洼、潮湿而多虫蛇的南方地区。

### 二、新石器时代遗址

我国新石器时代遗址几乎遍布全国。其中现存最早的古建筑实体是浙江余姚河姆渡村发现的建筑遗址，距今约六七千年。在遗址中，已发掘部分是长约 23 m、进深约 8 m、前廊深 1.3 m 的长条形干栏式建筑。木构件遗物有柱、梁、枋、板等。许多木构件上都有榫头和卯口，有的构件还有多处榫卯（图 1-1），这是我国现已发现的古代木结构建筑中最早的榫卯，说明当时长江下游一带木结构建筑的技术水平高于黄河流域。

在黄河中游原始社会晚期的文化中，最具代表性的是母系氏族社会的仰韶文化和之后父系氏族社会的龙山文化。

仰韶文化时期，氏族过着以农业为主的定居生活。聚落一般选在河流两岸的台地上，这里水土肥美，利于耕牧和交通，适宜定居生活。仰韶文化时期最具代表性的建筑遗址是西安半坡村遗址，已发掘部分呈南北略长、东西较窄的不规则圆形，分为 3 个区域，南面是居住区。共发现 40 多座房屋遗迹，房子朝向中心广场统一布局。有一座大房子为公共活动的场所，其他几十座中小房子面向大房子，形成半月形布局。外围绕一道大壕沟，沟外北部为墓葬区，东边设窑场。

龙山文化的房屋遗址已有家庭私有的痕迹，在居住房屋的平面布置和构造上都发生了一些变化，出现了两室相连的布局方式，平面呈“吕”字形。内室和外室均有火塘，供烹饪食物和取暖之用；外室设窖穴，供家庭贮藏之用。显然，在建筑功能上，内、外两室有分工作用。在建筑技术方面，室内地面上广泛地涂抹光洁的白灰面层，使室内看起来清洁、美观，并有防潮的作用。白灰抹面在仰韶文化中期已出现，普遍采用则在龙山文化时期。

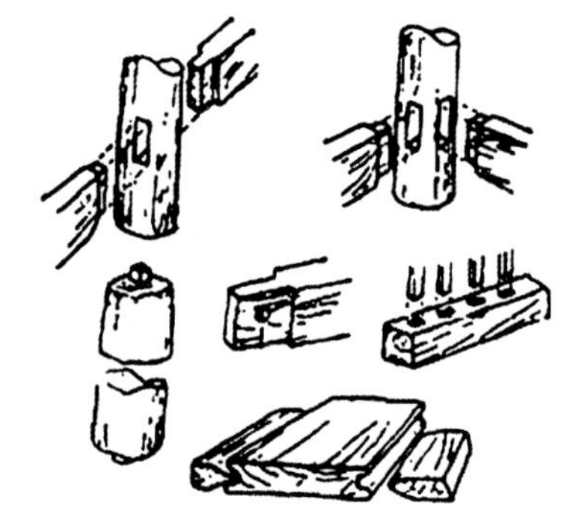

**图1-1　浙江余姚河姆渡村遗址中的房屋榫卯**

## 三、夏、商、周时期的建筑

### 1. 夏朝（公元前21—前16世纪）的建筑

随着农业文明的发展，漫长的原始社会被私有制社会取代。公元前21世纪，夏朝建立了一种新的社会制度，逐渐开始从建造方式、规模制度等方面对居住场所进行摸索设计。从目前的考古资料来看，夏朝已经开始使用夯筑技术建造宫室台榭，河南偃师二里头遗址是迄今发现的我国最早的宫殿建筑群，共发现了大型宫殿和中小型建筑数十座。其中一号宫殿规模最大，其夯土技术和木构架技术相结合，形成了“茅茨土阶”的构筑方式和“前朝后室”的空间布局。其夯土台残高约 80 cm，东西宽约 108 m，南北长约 100 m，占地面积约 11 000 m$^2$。夯土台上有一座面阔 8 间的殿堂，周围有回廊环绕，南面有门的遗址，店堂柱列整齐，前后左右呼应，各间面阔统一。该遗址表明夏朝大型建筑已开始采用“茅茨土阶”的构筑方式及“前堂后室”的空间布局。

### 2. 商朝（公元前 16—前 11 世纪）的建筑

公元前 17 世纪，商朝进一步发展了奴隶制度，建造了一定规模的宫殿和陵墓，采用先分层夯筑、后逐段上筑的夯土板筑法建造城墙，夯筑技术日趋成熟，空间布局为多数单体建筑按照一定的条理进行组合。由此，传统的中国院落式建筑群开始成型。

### 3. 西周（公元前 1046—前 771 年）的建筑

公元前 11 世纪中期，周朝步入中国历史上奴隶制文明的全盛时期，进一步发展了院落式建筑群，建造了目前史料记载中最早的公园，形成了较完善的建筑设计制度及文字实录记载，建成了中国历史上第一座规模宏大、布局整齐的城市，开创了中国城市规划设计的先河。

西周为巩固统治，采用分封制，将土地和人口分给亲属、功臣建立诸侯国，诸侯必须服从周王，负责保卫周王并纳贡。为约束各诸侯国，周朝建立了严格的礼制，如城市建筑就有严格的规定，《周礼·考工记》中的都城形制（图 1-2）“匠人营国，方九里，旁三门。国中九经九纬，经涂九轨。左祖右社，面朝后市，市朝一夫”。

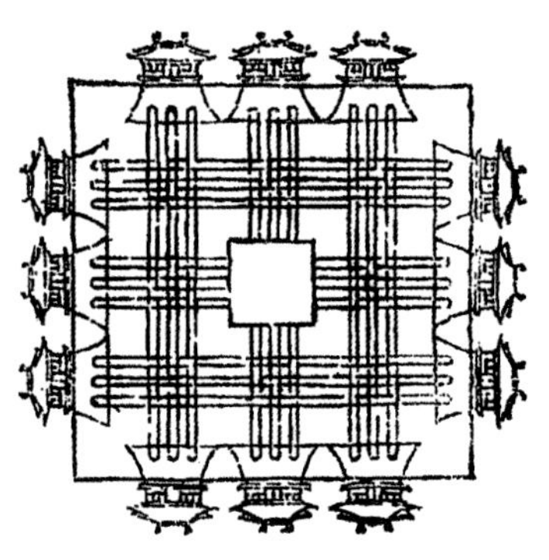

**图1-2　都城形制（宋·聂崇文绘）**

# 第二节　春秋战国时期的建筑活动

公元前 770—前 221 年是中国历史上的春秋战国时期，是奴隶制度逐渐瓦解和封建制度开始萌芽的时期，是中国历史上社会经济急剧变化、政治局面错综复杂、军事战争频繁发生、学术文化百家争鸣的变革时期。我国古代土木工匠祖师鲁班就生活在这个时期。

由于社会生产力水平的提高，手工业和商业相应发展，春秋战国时期已经大量使用青瓦覆盖屋顶，开始出现砖、彩画、陶制的栏杆和排水管等，建筑规模比以往更为宏大。各诸侯出于政治统治和生活享乐的需要，大量兴建台榭式高层建筑。

## 一、春秋时期

春秋·楚·李耳《老子》第64章："九层之台，起于累土"，说的就是在城内夯筑若干座高数米至十多米的阶梯形夯土台，在上面建造木构架殿堂屋宇，让各单层屋宇围绕高度不等的夯土台聚合在一起，所形成的类似多层建筑的大型高台建筑群（图1-3）。如侯马晋故都新田遗址中长75 m、宽75 m、高7 m的夯土台，就是使用夯土抬高建筑群高度的。再如河北平山中山王陵中轴线上用以建造王堂的夯土台高约20 m，整个建筑群都以此为构图中心展开，后堂及夫人堂依次降低，形成了多层院落式的建筑布局，其规模十分宏大。陵墓中出土的《兆域图》是已知我国最早的一幅用正投影法绘制的工程图，它不仅说明当时已具备一定的制图水平，还反映出当时已形成了先绘图设计、后施工的建筑程序。

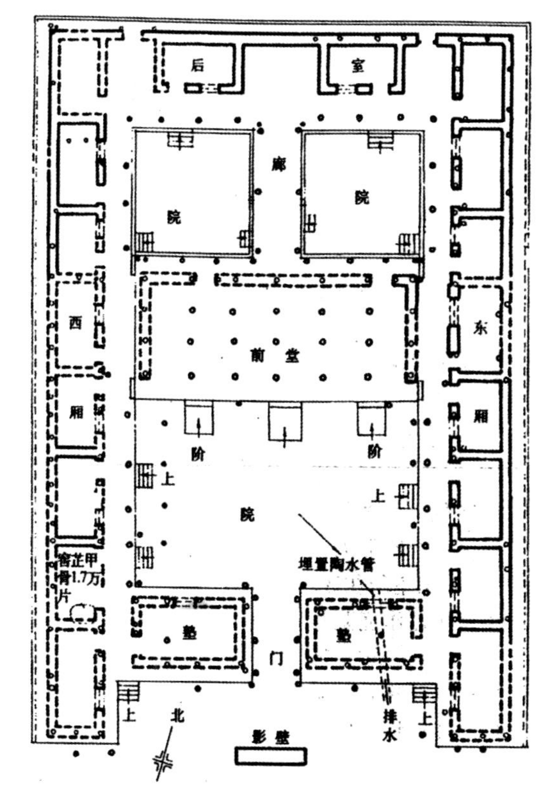


图1-3　春秋时期宫室遗址示意

至今发现的春秋墓均为小型古墓，如山东淄博磁村的春秋墓。此墓距磁村西南约1 km，共4座，排列有序，方向一致，是一处齐国贵族墓地，古墓形制均为竖穴土坑墓。最完整的一座古墓位于墓区最南部，长3.5 m，宽2.1 m，深1.2 m，一椁一棺，棺底高出墓底20 cm，随葬品置于棺外前部两侧，有成组的青铜礼器。在墓室东部填土中有殉葬的牲畜。

## 二、战国时期

战国时期，各国重视城市建设，都城以及商业城市空前繁荣，由此形成了许多人口众多、工商云集的大城市。从春秋末期到战国中叶，随着封建土地所有制的确立和手工业、商业的发展，城市日益扩大，日益繁荣，出现了一个城市建设的高潮。如山东临淄齐故都遗址，南北长约5 km，东西宽约4 km，分大城和小城两部分。大城内散布着冶铁、铸铁、制骨等作坊以及纵横街道的遗址，是手工业作坊区和居住区。小城位于西南角，夯土台高达14 m，周围有多处作坊（图1-4）。

此外，这个时期的建筑装饰设计也得到了相应的发展，如《论语》描述的"山节藻棁"（斗上画山，梁上短柱画藻文）、《左传》记载的鲁庄公"丹楹（红柱）刻桷"就是证明。《周礼》中关于野、都、鄙、乡、闾、里、邑、丘、甸等规划制度的记载，说明春秋战国时期已经形成了区域规划的构思理念。《管子·乘马》中"凡立国都，非于大山之下，必于广川之上"的主张则反映了当时在城市选址方面已开始重视建筑与环境的关系。

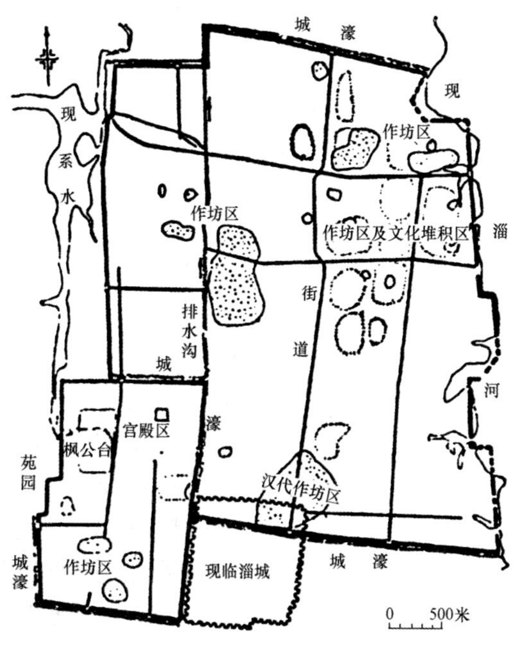


图1-4　山东临淄齐故都遗址

## 第三节 小结

原始时期的建筑活动是中国建筑设计史的萌芽，为后来的建筑设计奠定了良好的基础，建筑制度逐渐形成。中国社会的奴隶制度自夏朝开始，经殷商、西周到春秋战国时期结束，直到封建制度萌芽，前后历经了 1 600 余年，在严格的宗法制度下，统治者设计建造了规模相当大的宫殿和陵墓，和当时奴隶居住的简易建筑形成了鲜明的对比，从而反映出当时社会尖锐的阶级对立。

建筑材料的更新和瓦的发明是周朝在建筑上的突出成就，使古代建筑从“茅茨土阶”的简陋状态逐渐进入了比较高级的阶段，建筑夯筑技术日趋成熟。自夏朝开始的夯土构筑法在我国沿用了很长时间，直至宋朝才逐渐采用内部夯土、外部砌砖的方法构筑城墙，明朝中期以后才普遍使用砖砌法。

此外，原始时期人们设计建造了很多以高台宫室为中心的大小城市，开始使用砖、瓦、彩画及斗拱梁枋等设计建造房屋，中国建筑的某些重要的艺术特征已经初步形成，如方整规则的庭院，纵轴对称的布局，木梁架的结构体系以及由屋顶、屋身、基座组成的单体造型。自此开始，传统的建筑结构体系及整体设计观念开始成型，对后世的城市规划、宫殿、坛庙、陵墓乃至民居产生了深远的影响。

### 思考题

1. 原始时期建筑的成就表现在哪些方面?
2. 原始社会后期，我国在建筑材料和建筑技术上有何发展?
3. 仰韶文化时期和龙山文化时期的建筑布局各有什么特点?
4. 简述高台建筑形成的历史原因及影响。
5. 我国最早的瓦是什么时候出现的?
6. 建筑上应用榫卯技术大约在什么时候?
7. 商朝陵墓的内部结构有何特点?
8. 西周时期居住建筑的类型是什么?
9. 春秋时期筑城的方法是什么?

穴居与巢居

春秋战国时期的建筑特征

# 第二章 秦汉时期的建筑

秦汉时期的建筑结构主要有木结构、砖石结构和石结构。这一时期，几种主要的建筑类型都已出现，建筑技术进一步发展。除了此前已充分掌握的土工技术外，木结构继续成熟，如榫卯结合已普遍采用，抬梁式结构继续发展。

## 第一节 秦朝时期的建筑

公元前 221 年，秦朝结束了数百年的诸侯纷争，建立了中国历史上第一个中央集权制度，统一了文字、货币与度量衡，使各地区、各民族得到了广泛交流，从而促进了中华民族经济、文化的迅速发展。

### 一、城市建设

秦都城咸阳的建筑早在战国中期秦孝公时就已经开始。据史料记载，“秦每破诸侯，写放其宫室，作之咸阳北阪上，南临渭，自雍门以东至泾渭，殿屋复道，周阁相属”，为防范旧诸侯贵族的反抗，削弱他们的政治经济势力，秦朝将六国贵族豪富迁徙到邻近统治中心的区域，依照六国宫室的建筑原型营造宅地，据史料记载“咸阳之旁二百里内，宫观二百七十，复道甬道相连”，生活上穷奢极侈。

### 二、宫殿

秦始皇在统一中国的过程中，在吸取各国不同建筑风格和技术经验的基础上，于公元前 220 年兴建新宫。秦朝时期设计建造了恢宏壮丽的宫殿陵墓，如历史上著名的阿房宫，其建筑规模前所未有；还在全国范围内修筑道路以通达全国，道路宽五十步（按秦制六尺为步，十尺为丈，每尺合今制 27.65 cm），道路高出地面，道路中央宽三丈以供天子行车，道路旁边每隔三丈种植青松以标明路线。自秦朝开始，统一的中国传统建筑设计风格逐渐形成。

### 三、秦始皇陵

秦始皇嬴政于公元前 246 年即位后，开始在骊山修建秦始皇陵，历时 39 年，是中国历史上第一个规模庞大、设计完美的帝王陵寝。秦始皇陵以地下宫殿为核心，高出地面约 40 多米。将日月星辰、宇宙苍穹等都反映在地下宫殿中，灌注水银以象征江河。封冢似山，围墙如城，制陶人、陶车、陶马（兵马俑），列军阵守护。秦始皇陵筑有内、外两重夯土城垣，象征着都城的皇城和宫城。陵冢位于内城南部，呈覆斗形，底边周长 1 700 余米。秦陵四周分布着大量形制不同、内涵各异的陪葬坑和墓葬，现已探明的有 400 多个。其中兵马俑坑是秦始皇陵的陪葬坑之一，它位于秦始皇陵陵园东侧 1 500 m 处。目前已发现三座，坐西向东呈“品”字形排列。其中共出土了约 7 000 个秦代陶俑及大量的战马、战车和武器，代表了秦代雕塑的最高成就。

## 四、秦长城

为防御匈奴的进攻，秦朝在边境地区设置郡县，修缮、补筑旧秦、赵、燕长城，将它们相互连接起来筑成了万里长城，长达 3 000 km。当时多用版筑土墙。

## 五、秦朝的建筑设计特点

### 1. 建筑材料方面

秦朝发展了陶质砖、瓦及管道，不仅使用陶砖铺砌室内外地面，还用于贴砌墙的内表面，并在砖瓦的表面设计刻印各种纹样。在秦都咸阳宫殿建筑遗址以及陕西临潼、凤翔等地发现了大量秦代画像砖和铺地青砖，除铺地青砖为素色外，用作踏步或砌于墙壁的长方形空心砖面上都刻有太阳纹、米格纹、小方格纹或平行线纹等几何纹样，或阴刻龙凤纹，或模印射猎、宴客等场面的纹样（图 2–1）。在秦始皇陵东侧俑坑中发现的砖墙质地坚硬，这说明秦朝已经出现承重用砖。砖的发明是中国建筑设计史上的重要成就之一。

**图2–1　秦汉时期的画像砖**

### 2. 建筑结构方面

传统的中国木构架建筑，特别是抬梁式的结构形式，发展到秦朝已经更加成熟并产生了重大的突破，主要体现在秦朝匠师对大跨度梁架的设计上。秦咸阳离宫一号宫殿主厅的斜梁水平跨度已达 10 m，据此推测，阿房宫前殿的主梁跨度一定不会小于这个跨距，这说明秦朝对木结构梁架的研究和使用已经达到了相当高的水平。

### 3. 建筑形式方面

秦朝设计修筑了阿房宫、骊山陵、万里长城，以及通行全国的驰道与远达塞外的直道，工程浩大宏伟，施工复杂艰巨，为后世建筑设计的发展提供了宝贵经验。

# 第二节　两汉时期的建筑

公元前 206 年西汉统一中国，其疆域比秦朝更大。汉代处于封建社会的上升时期，经济进一步的巩固和工商业的不断发展，促进了城市的繁荣和建筑的进步，形成我国古代建筑史上又一个繁荣时期。它的突出表现是木结构建筑日趋成熟，砖石建筑和拱券结构有了发展。

## 一、城市建设

汉代处于封建社会上升期，社会生产力显著提高，中原地区与西域（今新疆及中亚一带）民族开始进行交流与融合，开辟了从长安（今西安）经新疆、中亚直抵地中海东岸的“丝绸之路”，促进了东西方的密切交往，佛教文化也在这一时期传入中国。汉代农业、手工业、商业的极大发展促使建筑设计显著进步，形成了我国古代建筑史上的又一个繁荣期。汉代建筑设计的突出表现为木构架建筑日趋成熟，砖石建筑和拱券结构有了很大发展，许多保存至今的砖石建筑遗址则为建筑史论研究提供了极其珍贵的原始资料（图 2–2）。

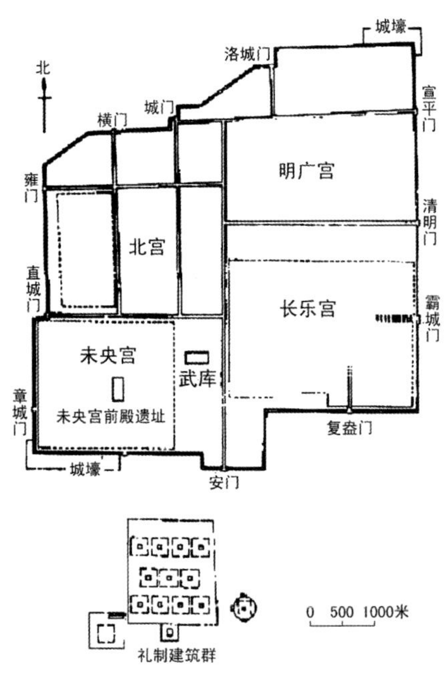


**图2–2　汉代长安城遗址平面示意**

## 二、东汉洛阳城

东汉光武帝刘秀统一天下后，因为长安残破，所以建都于洛阳。东汉的洛阳城在原先东周的“成周城”的基础上建造而成，北靠邙山，南临洛水，南北长 9 里，东西宽 6 里，呈矩形，有“九六城”之称。城内有南、北两宫，以三条复道联系这两部分，有三大商业区，金市在城西，羊市在南郊，马市在东郊。东汉中叶以后又在北宫以北陆续建苑囿，直抵城的北垣，故北宫的规模比南宫大。这样的布局发展了以宫城为主体的规划思想，但是宫城把全城一分为二，东西交通很不方便。洛阳除宫苑、官署外，有闾里及二十四街。公元前 190 年，洛阳城被董卓焚毁。

## 三、陵墓

西汉诸陵，少数位于渭水南岸，多数在咸阳以西、渭水以北，陵体宏伟。陵的形状承袭秦制，累土为方锥形，截去上部称为“方上”，最大的“方上”约高 20 m，“方上”斜面堆积许多瓦片，可证其上曾建有建筑。陵内置寝殿与苑囿，周以城垣，陵旁有贵族陪葬的墓，坟前置石造享堂，其上立碑，再前于神道两侧排列石羊、石虎和附翼的石狮。另外，模仿木建筑形式建两座石阙。石阙的形制和雕刻以四川雅安高颐阙最为精美，是汉代墓阙的典型作品（图 2–3）。此外，有些东汉墓前还有建石制墓表。

图2–3　四川雅安高颐阙

## 四、汉代的建筑设计特点

### 1．建筑材料与结构方面

我国的砖石建筑主要在两汉，尤其是东汉时期得到了突飞猛进的发展。战国时期始创的大块空心砖及普通长条砖已大量出现在河南一带的西汉陵墓中。空心砖长 1.10 m，宽 0.405 m，厚 0.103 m，砖表面压印各种花纹。普通长条砖长 0.25 ~ 0.378 m，宽 0.125 ~ 0.188 m，厚 0.04 ~ 0.06 m。还有特制的楔形砖和企口砖（图 2–4、图 2–5）。在洛阳等地的东汉墓室中，条形砖与楔形砖堆砌的拱券取代了以往的木椁墓，并采用了企口砖加强拱券的整体美观性。当然，贵族官僚们除了使用石砖建造规模巨大的地下墓室外，也在岩石上开凿岩墓，或利用石材砌筑梁板式墓或拱券式墓。如山东沂南石墓就是采用梁、柱、板构成的，其雕刻十分精美，在我国古代石墓中很具代表性。另外，从未央宫前殿遗址、新发掘的武库、西汉明堂辟雍和王莽宗庙遗址可以看出，西汉的宫殿建筑仍然保持木构与夯土技术相结合的台榭式构造方式，随着技术的提高，台榭式高台建筑逐渐减少，多层楼阁大量出现。大量汉代画像砖、画像石及陶屋等冥器中显示的仿木柱、梁、枋、斗拱结构及组合雕饰，反映了当时的多层建筑采用了抬梁式木构架结构形式，斗拱已经成为大型建筑挑檐常用的建筑构件，虽然此时各地的斗拱做法不统一，结构相对简单，但它足以说明中国传统高层建筑的木结构问题在汉代已得到了解决，中国古代木构架建筑中常用的抬梁式、穿斗式、井干式三种基本结构形式也已经成型。

### 2．建筑的空间布局方面

庭院式的群体建筑布局基本定型，从出土的大量东汉时期的壁画、画像石、画像砖和冥器上描绘的宅院、坞壁、重楼、厅堂、仓厩、圈、望楼等，以及门、窗、柱、槛、斗拱、瓦饰、台基、栏板、窗棂格等形象可以看出，汉代设计的庭院式建筑群体布局与基本形式都已接近后世的建筑。

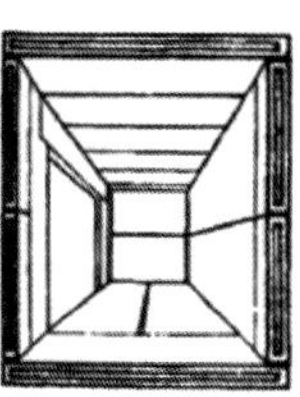



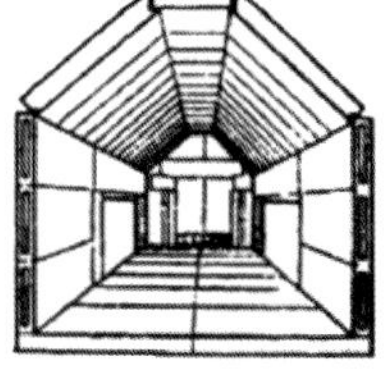



图2–4　汉代空心砖墓（河南洛阳）

（a）板梁式空心砖墓；（b）斜撑板梁式空心砖墓

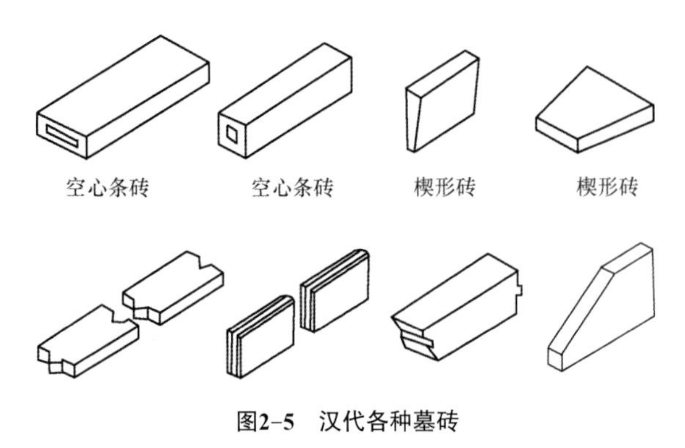


图2-5　汉代各种墓砖

（a）、（b）空心条砖；（c）、（d）楔形砖；（e）、（f）企口砖；（g）、（h）楔形企口砖

### 3. 建筑设计形式方面

首先，屋顶是中国建筑设计中最重要的部分，是极具中国特色的建筑冠冕，汉代时期已经出现庑殿、歇山、悬山和攒尖四种屋顶形式。庑殿式的建筑屋顶正脊短，屋面、屋脊和檐口平直，屋顶正脊中央常配凤凰纹饰，由此形成了汉代建筑古朴简洁的形象。其次，汉代建筑设卧棂栏杆、石木门；窗根据纹样的不同包括直棂窗、斜格窗和锁纹窗，还有天窗；顶棚有覆斗形顶棚和斗形顶棚；柱有圆柱、八角柱和方柱等，柱身表面雕刻竹纹或凹凸槽。再者，汉代建筑使用板瓦和筒瓦两种，其制作方法是先用泥条盘筑成类似陶水管的圆筒形坯，再切割成两半，成为两个半圆形筒瓦，如果切割成三等份，即成为板瓦。瓦坯制成后，在筒瓦前端再安上圆形或半圆形瓦当。瓦当就是筒瓦的瓦头，主要起保护屋檐不被风雨侵蚀的作用，同时又富有装饰效果，使建筑更加绚丽辉煌。

### 4. 建筑装饰设计方面

两汉的木构屋顶已经形成了五种样式——庑殿、悬山、歇山、囤顶、攒尖（图 2-6），也有了由庑殿顶和庇檐组合发展而成的重杦屋顶。

门窗都有了装饰方面的处理。门的上槛上有门簪；门扇上有兽首含环，叫“铺首”。窗子通常为直棂，也有斜格，或在门窗内悬挂帷幕。

汉代大量使用画像砖建造墓室，画像砖有空心砖和实心砖两种，砖面上的纹饰图案题材广泛，构图简练，形象生动，线条劲健，画像内容十分丰富，包括阙门建筑、各式人物、乐舞、车马、狩猎、驯兽、击刺、禽兽、神话故事等四十多种，发展到后来蜀汉时期的画像砖内容更为丰富，有的反映生产活动中的播种、收割、舂米、酿造、盐井、探矿、桑园等；有的描写社会风俗的市集、宴乐、游戏、舞蹈、杂技、贵族家庭生活等；还有的反映车骑出行、阙观及神话故事等。这些画像砖是当时社会面貌的现实写照，在史料研究上具有重大价值（图 2-7、图 2-8）。

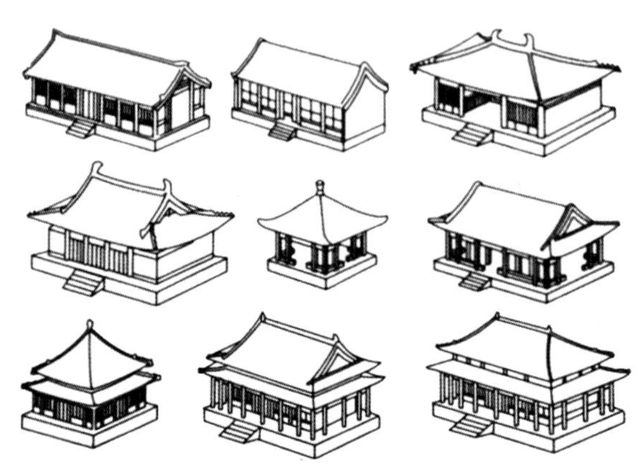

图2-6　各种样式的屋顶

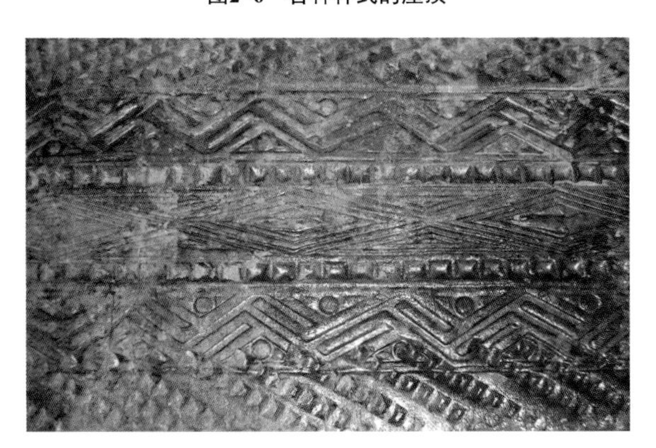

图2-7　汉代几何纹样空心砖

图2-8　东汉弋射收获画像砖

## 第三节 小结

秦汉时期400余年的建筑活动处于中国建筑设计史的发育阶段，秦汉建筑是在商周已初步形成的某些重要艺术特点的基础上发展而来的。秦汉的统一促进了各民族地域之间建筑文化的交流，建筑设计活动极为活跃，建筑风格趋于统一，史料记载颇为丰富，建筑结构形式有遗物可供参考，但现存真正的秦汉建筑遗物却多为墓室墓阙类建筑或冥器印刻类间接材料。

秦汉建筑类型以都城、宫室、陵墓和祭祀建筑（礼制建筑）为主，还包括汉代晚期出现的佛教建筑。都城规划形式由商周的规矩对称，经春秋战国向自由格局的骤变，又逐渐回归于规整，整体面貌呈高墙封闭式。宫殿、陵墓建筑主体为高大的团块状台榭式建筑，周边的重要单体多呈十字轴线对称组合，以门、回廊或较低矮的次要房屋衬托主体建筑的庄严、重要，使整体建筑群呈现主从有序、富于变化的院落式群体组合轮廓。祭祀建筑也是汉代的重要建筑类型，其主体仍为春秋战国以来盛行的高台建筑，呈团块状，取十字轴线对称组合，尺度巨大，形象突出，追求象征含义。从现存汉阙、壁画、画像砖、冥器中可以看出，秦汉建筑的尺度巨大，柱阑额、梁枋、屋檐都是直线，外观为直柱、水平阑额和屋檐，平坡屋顶，已经出现了屋坡的折线“反宇”（指屋檐上的瓦头仰起，呈中间凹四周高的形状），但还没有形成曲线或曲面的建筑外观，风格豪放朴拙、端庄严肃，建筑装饰色彩丰富，题材诡谲，造型夸张，呈现出质朴的气质。

秦汉社会生产力的极大提高，促使制陶业的生产规模、烧造技术、数量和质量都超越了以往任何时代，秦汉建筑因而得以大量使用陶器，其中最具特色的就是画像砖和各种纹饰的瓦当，素有“秦砖汉瓦”之称。

秦砖质地坚硬，有“铅砖”之称，空心砖是盛行于战国秦汉时期的大型建筑材料，砖面大都刻饰几何纹、动物纹或者历史神话故事等图案。秦代的龙纹空心砖采用模印法在砖的正面、上侧和右侧三面都刻有图案，正面及上侧面中央饰二龙璧纹，上、下两边饰凤鸟和灵芝纹，右侧有走龙纹饰，构图饱满朴实，气势雄浑，充分展示了秦汉建筑装饰艺术的特有气质。

战国时期的瓦当形式为半圆形，秦朝瓦当由半圆发展为圆形，汉代的瓦当制作极为兴盛。秦朝瓦当的纹样主要有动物纹、植物纹和云纹三种。汉代沿用并发展了秦朝瓦当，纹饰更为精美，画面形神兼备，如王莽时期的青龙、白虎、朱雀、玄武四神纹瓦当就是这一时期的代表。除常见的云纹瓦当外，汉代瓦当巧妙地用文字作为装饰以反映当时统治者的意识与愿望，如“千秋万岁”“永寿无疆”“大吉富贵”等。这些文字瓦当采用了小篆、鸟虫篆、隶书、真书等字体，布局疏密有致，质朴醇厚，极具图案之美，这种以文字为内容的设计手法，集中体现出汉代建筑装饰的特色，如图2-9～图2-12所示。

图2-9　秦朝瓦当拓片

图2-10　秦汉时期的云纹瓦当

图2-11　汉代“永奉无疆”“千秋万岁”瓦当

图2-12　汉代文字瓦当

## 思考题

1．简述秦汉建筑形成的历史原因及设计成就。

2．分析秦汉时期建筑设计特点。

3．秦始皇陵有什么特点？

4．我国最早的瓦当是什么时候出现的？

5．到两汉时期，我国已经形成了几种屋顶样式？

# 第三章 魏晋南北朝时期的建筑

魏晋南北朝时期，西北方各民族陆续内迁，南方经济有了较大发展，各民族之间的迁徙和杂居加速了民族统一的进程，同时促进了建筑文化的融合与交流。

这一时期的建筑，除宫殿、住宅、园林等继续发展以外，又出现了一些佛教和道教建筑。总之，魏晋南北朝时期的工匠在继承秦汉建筑成就的基础上，吸收了印度犍陀罗和西域的佛教艺术的若干因素，丰富了中国建筑，为后来隋唐建筑的发展奠定了基础。

## 第一节 城市与宫殿

西晋、十六国和北朝前后分别兴建了很多都城和宫殿。其中规模较大、使用时间较长的是邺城和洛阳。东晋和南朝建都于建康。

### 一、邺城

从东汉末到三国时期，魏国首都邺城（图 3-1）极具代表性。邺城在河南安阳东北，北临漳水，平面呈长方形。东西长约 3 000 m，南北宽约 2 160 m，以一条东西大道将城分为南、北两部分。南部为住宅，北部为苑囿、官署，分区明确，交通方便，为南北朝、隋唐的都城建设所借鉴。

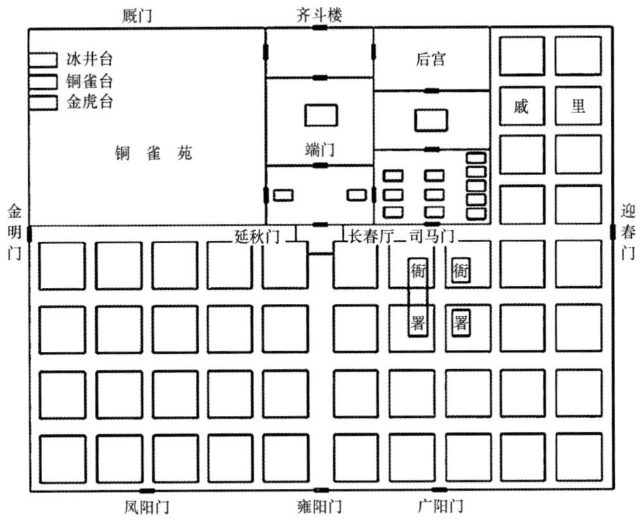


图3-1 曹魏邺城平面想象图

### 二、洛阳

三国时代曹魏的都城洛阳城，由曹丕于黄初元年（公元 220 年）在东汉洛阳城的基础上修建而成。南北呈长方形，东、西、北三面城垣各有几处曲折，保存状况较好，南城垣因洛河北移被毁，西城垣残长 4 290 m，宽约 20 m，北垣全长 3 700 m，宽约 25 ~ 30 m，东垣残长

3 895 m，宽约 14 m。南垣长度以东西垣的间距计算约为 2 460 m，城垣周长约为 14 345 m。

西、北、东垣共计城门 12 座，其中西垣 3 座。从南到北依次为广阳门、西明门、阊阖门；北垣2座，从西至东依次为大夏门、广莫门；东垣 3 座，从北至南依次为建春门、东阳门、清明门；据文献记载，南垣应有 4 座，自东至西依次为开阳门、平昌门、宣阳门、津阳门。

城西北隅仿邺城三台建金庸城，为军事防御设施。洛阳城仿邺城的设计，将宫城集中于城内中部以北，将官署、居民区置于城区南部。城南设立国学、明堂、灵台，此灵台为东汉时所建，魏晋沿用，汉晋灵台遗址是我国发现的最早的一座天文观测台遗迹，距今已有 1 900 多年。

### 三、建康

建安十三年，诸葛亮出使江东，对孙权说：“秣陵地形，钟山龙蟠，石头虎踞，此帝王之宅。”孙吴建国，遂以为都。城周二十余里。东傍钟山，南枕秦淮，西倚大江，北临后湖（玄武湖），处天然屏障之内。东晋南朝沿以为都，分置建康、秣陵两县，城区范围扩为东、西、南、北各四十里。中心为宫城（台城），北面为白石垒（白下）、宣武城、南琅邪郡城，西面为石头城，西南为冶城、西州城，东南为东府城，南面为丹阳郡城，都屯有重兵。地居形胜，守卫坚固，遂为六朝政治中心。

建康城在作为都城的 300 多年中，不断发展，商业繁华，人才荟萃，文物鼎盛，成为中国政治、经济和文化的中心。

建康无外郭城，但其西南有石头城、西州城，北郊长江边筑白石垒，东北有钟山，东有东府城，东、南两面又沿青溪和秦淮河立栅，设篱门，成为外围防线。都城南面正门即宣阳门，再往南五里为朱雀门，门外有跨秦淮河的浮桥朱雀航。宣阳门至朱雀门间五里御道两侧布置官署府寺。居住里巷也主要分布在御道两侧和秦淮河畔。秦淮河南岸的长干里就是著名的居住里巷，北岸的乌衣巷则是东晋王、谢名门巨族累世居住之地。王公贵族的住宅多分布在城东青溪附近风景优美的地带。

## 第二节 宗教建筑

魏晋南北朝时期，集权制度衰退，社会动荡，佛教文化盛行，厚葬风气衰退，皇陵规模渐小，这个时期最突出的建筑类型是寺院、佛塔和石窟等佛教建筑，“大起浮屠寺，上累金盘，下为重楼，又堂阁周回，可容三千许人。作黄金涂像，衣以锦彩”。“南朝四百八十寺，多少楼台烟雨中”就是对当时大兴佛教建筑的鲜明写照。中国的佛教由印度经西域传入内地，早期寺院布局仿照印度建筑风格，后来逐步中国化，不仅将中国庭院式木架结构应用在佛寺建筑中，而且将私家园林也设计成了佛教寺院的组成部分；佛塔原为埋藏舍利、供佛徒绕塔礼拜而做，传到中国后，塔的各个部分逐渐格式化、复杂化，一般由地宫、塔基、塔身、塔顶和塔刹组成，塔的平面多呈方形，仿照多层木构楼阁做法，形成了中国式的木塔，这可以说是传统的中国多层木构建筑的开始。除此之外，砖石结构有了长足的进步，可建高达数十米的石塔和砖塔。石窟寺是在山崖上开凿的洞窟型佛教建筑，佛教的盛行使开凿石窟的风气在全国迅速传播，最早在新疆，其次在甘肃，以后各地石窟相继建造，其中著名的有山西大同云冈石窟、河南洛阳龙门石窟和甘肃天水麦积山石窟等。石窟平面多呈方形，窟口有建筑木构廊，石窟壁龛呈方形、圆券形或五边券形，圆券形外饰火焰纹或卷草纹券面，五边券形券面雕刻若干梯形格，格内饰以飞仙。石窟主要壁面浮雕塔殿设有阶基，正面中央为踏步，两边设栏杆、塔基或平素，或做须弥座，后世的通常做法基本与此相同。石窟立柱多呈八角形，柱身上小下大，中间柱础采用坐兽或覆莲雕饰，两侧柱础则用覆盆雕饰，柱头上施栌斗以承担阑额及斗拱，整体形象比秦汉时期更为清秀。并且还有一些石窟立柱很明显受到了西方柱式的影响，如石窟外室廊柱柱脚做高座，座上四角雕饰忍冬草纹样，柱头呈西式两卷耳形，柱身列多数小龛，每龛雕塑一尊小佛像，石窟中留存下来的壁画、雕刻、前廊和石窟屋檐等方面所表现的建筑形象，忠实地反映了当时的建筑类型、布局、结构、雕饰、彩画等建筑设计形式，是后世研究魏晋南北朝时期建筑设计的重要资料，如图 3-2 ~ 图 3-7 所示。

图3-2　甘肃炳灵寺石窟（西晋）

图3-3　河南洛阳龙门石窟佛像

图3-4　山西大同云冈石窟

图3-5　甘肃敦煌莫高窟

图3-6　甘肃敦煌莫高窟鸣沙山

图3-7　山西悬空寺（北魏晚期）

## 第三节　魏晋南北朝的建筑和艺术

### 一、建筑材料和技术

魏晋南北朝时期建筑材料的发展，主要是砖、瓦产量和质量的提高与金属材料的运用。其中金属材料主要用作装饰，如塔刹上的铁链、门上的金钉等。

在技术方面，大量木塔的建造，显示了木结构技术的水平。这时期的中小型木塔用中心柱贯通上下，以保证其整体的牢固，这样斗栱的性能得到进一步发挥。这时期的木结构构件仅敦煌石窟保存着几个单拱。木结构形成的风格是：建筑构件在两汉的传统上更为多样化，不但创造若干新构件，它们的形象也朝着比较柔和精丽的方向发展。如台基外侧已有砖砌的散水；柱础出现覆盆和莲瓣两种新形式（图 3–8）；八角柱和方柱多数具有收分；此外还出现了棱柱，如定兴石柱上小殿檐柱的卷杀就是以前未曾见过的棱柱形式。栏杆式样多为勾片，柱上的栌斗除了承载斗栱以外，还承载内部的梁，斗栱有单栱也有重栱，除用以支承出檐以外，又用以承载室内顶棚下的枋。

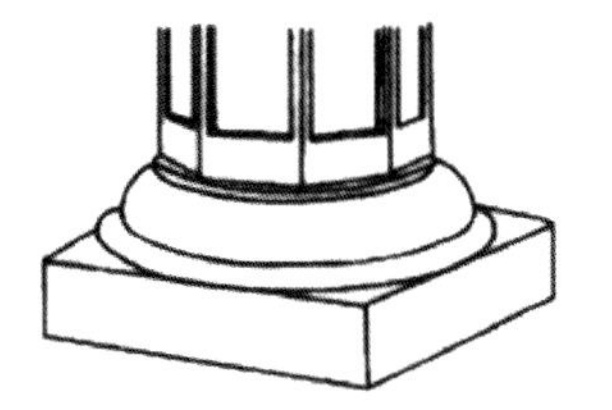

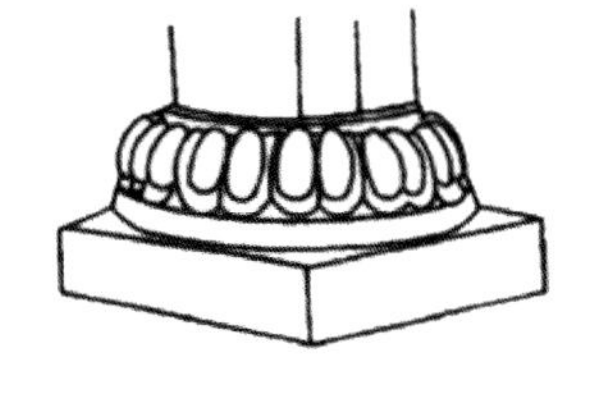

图3-8　南北朝时期柱础形式

（a）覆盆柱础（甘肃天水麦积山第 13 窟）；（b）莲花柱础（河北定兴义慈惠石柱）

### 二、建筑艺术

建筑装饰花纹在北朝石窟中极为普遍，除了秦汉以来的传统花纹外，随同佛教传入我国的装饰花纹，如火焰纹、莲花、卷草纹、璎珞飞天、狮子、金翅鸟等，不仅应用于建筑方面，还应用于工艺美术等方面（图 3–9）。特别是莲花、卷草纹和火焰纹的应用范围最为广泛。

北朝建筑和装饰的风格，最初是粗犷，微带稚气，到北魏末年后，呈现雄浑而带巧丽、刚劲而带柔和的倾向。南朝遗物在 6 世纪已具有秀丽柔和的特征。

飞天　云冈6窟

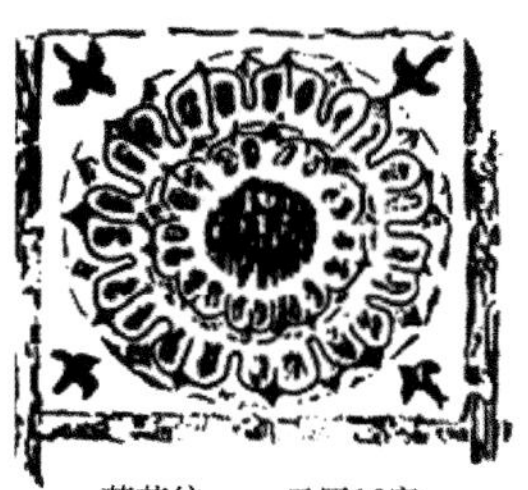

莲花纹　云冈15窟

金翅鸟　云冈8窟

石狮　麦积山

图3-9　南北朝时期的建筑装饰纹样

（a）飞天（云冈 6 窟）；（b）莲花纹（云冈 15 窟）；（c）金翅鸟（云冈 8 窟）；（d）石狮（麦积山）

## 第四节 小结

魏晋南北朝时期是古代中国建筑设计史上的过渡与发展期。北方少数民族进入中原，中原士族南迁，形成了民族大迁徙、大融合的复杂局面。这一时期的宫殿与佛教建筑广泛融合了中外各民族、各地域的设计特点，建筑创作活动极为活跃。士族标榜旷达风流，文人退隐山林，崇尚自然清闲的生活，促使园林建筑中的土山、钓台、曲沼、飞梁、重阁等叠石造景技术得到了提高，江南建筑开始步入设计舞台。随同佛教一并传入中国的印度、中亚地区的雕刻、绘画及装饰艺术对中国的建筑设计产生了显著而深远的影响，它使中国建筑的装饰设计形式更为丰富多样，广泛采用的是莲花、卷草纹和火焰纹等装饰纹样，促使魏晋南北朝建筑从汉代的质朴醇厚逐渐转变为成熟圆浑（图 3-10）。

图3-10 脚踏祥云（甘肃天水麦积山石窟佛像）

### 思考题

1. 简述魏晋南北朝时期建筑形成的历史背景。
2. 试分析魏晋南北朝时期建筑活动的历史作用。
3. 简述在魏晋南北朝时期中国石窟样式发展变化的特点。

北魏时期的洛阳城

# 第四章 隋唐、五代十国时期的建筑

公元 581 年，北周大臣杨坚建立隋朝，定都大兴（今西安），结束了长期战乱和南北分裂的局面，国家再度统一，为建筑文化的进一步发展创造了条件。公元 907 年，唐朝灭亡，中国社会陷入了 50 余年的频繁战乱期，中原地区先后更迭了史称后梁、后唐、后晋、后汉及后周的朝代，同时还相继出现了前蜀、后蜀、吴、南唐、吴越、闽、楚、南汉、南平（即荆南）及北汉十个割据政权，这就是中国历史上的“五代十国”。

## 第一节 城市与宫殿

### 一、城市建设

隋文帝创建大兴城，将城内北部划为皇城，皇城内北部作为宫城，以皇城、宫城之长宽为模数，按规律划全城为若干平直整齐的棋盘状区块，区块内划分里坊，对宫城、官署与民居进行了严格的区域分隔，形成了中国历史上最巨大、规整、中轴对称的里坊制城市，这是中国城市设计史上的一次重要改革。有史料记载，“隋文帝以周长安故宫不足建皇王之邑，诏左仆射高颎、将作大匠刘龙等，于汉故城东南二十一里龙首山川原创造新都，名曰大兴城”，“自两汉南北朝以来，京城宫阙之间，民居杂处；隋文帝以为不便于民，于是皇城之内唯列府寺，不使杂人居止，区域分明”。隋炀帝时期营建洛阳城，城内专门设计宫室用以储藏古籍名画，自此开始，图书馆、美术馆的设计观念形成，有史料记载，“东都观文殿东西厢构屋以贮‘秘阁之书’，东屋藏甲乙（经、子），西屋藏丙丁（史、集）。又聚魏以来古迹名画。于殿后起二台：东曰妙楷台，藏古迹；西曰宝绩台，藏古画”。隋朝创建的洛阳城和大兴城后来均被唐朝继承和进一步扩充发展为东、西二京，是我国古代宏伟严整的城市方格网道路系统设计的典范，其中大兴城就是后来的长安城，是我国古代规模最宏大、最繁荣的城市。有史料记载，“予见天下州之为唐旧治者，其城郭必皆宽广，街道必皆正直，廨舍之为唐旧创者，其基址必皆宏敞。宋以下所置，时弥近者制弥陋”，这就足以显示隋唐城市设计的历史地位。

### 二、宫殿

据古籍记载，隋唐时期的建筑设计类型较为丰富，如塔、院、殿、堂、阁、楼、中三门、廊等，这些类型的建筑形象设计在敦煌壁画中都有较为清晰具体的表现。隋朝在汉代长安城的东南新建大兴宫，在汉魏洛阳城的西面新建紫微宫，这是隋朝在新都城中所建的两所正式宫殿。唐朝沿用隋朝的都城宫殿，改称大兴宫为太极宫，改称紫微宫为洛阳宫或太初宫，又在长安城东北角新建大明宫，后又在长安城新建兴庆宫。从这些宫殿建筑遗址可以发现，隋唐时期在城市设计时按方格区域划分控制网，将宫室主殿建在整体区域的几何中心，殿堂基址柱网布置呈“日”字形、“目”字形或“回”字形，以材高为基础模数，以一层柱高为立面的扩大模数，大至建筑面阔、进深、柱高、脊高，小至柱、栏额、梁、斗拱，逐级限定建筑规模，这些情况表明唐代已经形成了一整套从城市规模至单体建筑设计的模数设计与柱网布置方法。

### 三、陵墓

#### 1. 昭陵

昭陵的陵址是唐太宗亲自选定的，是太宗皇帝与长孙皇后的合葬墓。昭陵开创了唐陵“依山为陵”的制度，坐北朝南的地宫建在南面山腰的峭壁间。昭陵有内、外两城，外城遗址已难考证，方形的内城依山蜿蜒，四面各有城墙和城门。陵山正南的山梁上有内城朱雀门遗址，门内当年建有献殿，存放李世民生前服用器物。北门曰玄武门，又称司马门。

昭陵保存了大量的唐代书法、雕刻、绘画作品，为人们研究中国传统的书法、绘画艺术提供了珍贵的资料。昭陵墓志碑文，堪称初唐书法艺术的典范，或隶或篆，或行或草，多出自书法名家之手。都以其独特的风格争奇斗艳。“昭陵六骏”浮雕构图新颖，手法简洁，刻工精巧，鲁迅先生曾称其“前无古人”。昭陵陪葬墓壁画多为唐代现实生活的写照，又不乏浪漫主义色彩。

#### 2. 乾陵

乾陵位于陕西省咸阳市乾县县城北部 6 公里的梁山上，为唐高宗李治与武则天的合葬墓（图 4-1）。

乾陵建成于唐光宅元年（684 年），于神龙二年（706 年）加盖，采用“因山为陵”的建造方式，陵区仿京师长安城建制。除主墓外，乾陵还有十七个小型陪葬墓，葬有其他皇室成员与功臣。

乾陵营建时，正值盛唐，国力充盈，陵园规模宏大，建筑雄伟富丽。乾陵发展、完善了昭陵的形制，陵园仿唐都长安城的格局营建，分为皇城、宫城和外郭城，其南北主轴线长达 4.9 公里。文献记载，乾陵陵园“周八十里”，原有城垣两重，内城置四门，东曰青龙门，南曰朱雀门，西曰白虎门，北曰玄武门。经考古工作者勘查得知，陵园内城约为正方形，其南、北墙各长 1 450 m，东墙长 1 582 m，西墙长 1 438 m，总面积约为 230 万 $m^2$。城内有献殿、偏房、回廊、阙楼、狄仁杰等 60 朝臣像祠堂、下宫等辉煌建筑群多处。

图4-1　陕西乾县乾陵（唐朝）

## 第二节　宗教建筑

盛唐时期，西安慈恩寺大雁塔四面门楣上阴刻的佛殿图用极精确的线条画出了柱、枋、斗拱、台基、檐椽、屋瓦以及两侧的回廊，这表明传统的中国建筑结构设计已经定型。自南北朝中后期出现的侧脚、生起、翼角、凹曲屋面等结构构件的设计手法在隋唐建筑上逐渐规范化，木构架建筑主要有殿堂、厅堂、余屋、斗尖亭榭四种，柱身设计成梭形、八角形，横梁呈中部拱起，底背均是弧线状，挑檐和室内斗拱设计成内凹或外凸的规格化弧面，继以往的凹曲屋面和起翘翼角的屋顶形式后，又陆续设计出庑殿、歇山、悬山、攒尖、圆锥等各种样式，宫殿屋顶使用经过渗炭处理的黑瓦，利用黄色、绿色琉璃做屋脊和檐口，搭配屋身的朱柱、绿窗与白墙共同构成隋唐建筑最典型的色彩，如图 4-2 和图 4-3 所示。

图4-2　唐朝五台山南禅寺大殿

图4-3　唐朝五台山南禅寺大殿内部梁架构造

此外，唐朝沿袭了南北朝建造菩萨大像的风气，多层楼阁式建筑中放置通贯全楼大像的建筑形式极为兴盛，间接促使佛塔向寺外发展。佛塔大量采用砖石建造，中国砖石建筑技术和艺术因此得以迅速发展。目前我国保留下来的唐塔多为多层楼阁式砖石塔，集中在西安、北京房山、河南嵩山一带，塔身壁面用砖石砌成扁柱、阑额及斗拱等仿木构件形象，各层之间采用木楼板及木扶梯连接，佛塔的基本结构做法自此沿袭，如西安慈恩寺大雁塔（图 4-4）、荐福寺小雁塔（图 4-5）、香积寺塔和兴教寺玄奘塔等都属此类。佛塔的平面形式除了北魏佛光寺的六角形塔及嵩岳寺的十二角形塔两例之外，现存隋唐时期及以前的佛塔平面多为四方形，唐朝仅有会善寺的净藏禅师塔平面为八角形，而辽宋以后八角形则成为佛塔平面设计中最常见的形式。

图4-4　陕西西安慈恩寺大雁塔（唐朝）

图4-5　陕西西安荐福寺小雁塔（唐朝）

据史料记载，“唐室既衰，五代迭兴，皆偏霸之主，兵戈扰攘，且五十余年。中原建设力微弱而破坏甚烈。初，朱梁代唐，长安为墟，毁宫室庐舍，取其材浮河而下”，“浩穰神京，旁通绿野，徘徊壁垒，俯近皇居”，这说明五代时期，名都长安和洛阳都曾被毁，北方的建筑设计活动曾一度衰落。同时，由于地方割据，沟通交流受阻，其建筑设计的地域差异性逐渐扩大，相对于五代来说，十国的统治较为稳定，许多中原人士为避祸乱移徙南方，对南方生产技术和科学文化的发展起到了积极作用，同时促进了南方建筑设计活动继续向前发展。十国之中，以蜀国和南唐境内较为安定富庶，成都与金陵（今南京）一带沿袭隋唐时期的建筑风格，开展了颇具规模的建筑设计活动；吴越国以太湖地区为中心，在杭州、苏州一带兴建宫室、府第、寺塔及园林建筑，如南京的南唐栖霞寺舍利塔和杭州的灵隐寺吴越石塔，其石刻精美，富于建筑形象。目前发现最早的南方砖塔遗物均为吴越时期所建，如苏州的云岩寺塔与杭州的雷峰塔，后者开创性地设计了砖身木檐塔型，成为后来长江下游地区的主要塔型，如图 4-6 ~ 图 4-8 所示。

图4-7　苏州的云岩寺塔（吴越时期）

图4-6　南京的栖霞寺舍利塔（南唐时期）

图4-8　杭州的雷峰塔（吴越时期）

## 第三节 隋唐、五代十国时期的建筑技术和艺术

隋唐、五代十国时期的建筑材料有砖、石、瓦、玻璃、石灰、木、竹、金属、矿物颜料和油漆等。砖的应用逐步增加，如砖墓、砖塔。石砌的塔、墓和建筑也很多。石刻艺术则多见于石窟、碑和石像方面。瓦有灰瓦、黑瓦和琉璃瓦三种。

在木材方面，木建筑解决了大面积、大体量的技术问题，并已定型化，从大雁塔门楣石刻佛殿图即可看出当时的用材制度已经确立。用材制度的出现，又反映了施工管理水平的进步，加速了施工速度，便于控制用材用料，同时又起到促进建筑设计的作用。

在金属材料方面，用铜铁铸造的塔、幢、纪念柱和造像等日益增加，如五代十国时期南汉铸造的千佛双铁塔。

在建筑构件方面，房屋下部的台基，除临水建筑使用木结构外，一般建筑用砖、石两种材料，再在台基外侧设一周散水。在屋顶形式方面，重要建筑物多用庑殿顶，其次是歇山顶与攒尖顶，极为重要的建筑则用重檐。

## 第四节 小结

隋唐时期是古代中国建筑设计史上的成熟期。隋唐时期结束分裂，完成统一，政治安定，经济繁荣，国力强盛，与外来文化交往频繁，建筑设计体系更趋完善，在城市建设、木架建筑、砖石建筑、建筑装饰和施工管理等方面都有巨大发展，建筑设计艺术取得了空前的成就。

在建筑制度设计方面，汉代儒家倡导的以周礼为本的一套以祭祀宗庙、天地、社稷、五岳等营造有关建筑的制度，发展到隋唐时期已臻于完备，订立了专门的法规制度以控制建筑规模，建筑设计逐步定型并标准化，基本上为后世所遵循（图 4-9）。

图4-9　香港志莲净苑（1938年）

在建筑构件结构方面，隋唐时期木构件的标准化程度极高，斗拱等结构构件完善，木构架建筑设计体系成熟并出现了专门负责设计和组织施工的专业建筑师，建筑规模空前。现存的隋唐时期木构建筑的斗拱结构、柱式形象及梁枋加工等都充分展示了结构技术与艺术形象的完美统一。

在建筑形式及风格方面，隋唐时期的建筑设计非常强调整体的和谐，整体建筑群的设计手法更趋成熟，通过强调纵轴方向的陪衬手法，加强了突出主体建筑的空间组合，单体建筑造型浑厚质朴，细节设计柔和精美，内部空间组合变化适度，视觉感受雄浑大度，这种设计手法正是明清建筑布局形式的渊源。建筑类型以都城、宫殿、陵墓、佛教建筑和园林为主，城市设计完全规整化且分区合理。宫殿建筑组群极富组织性，风格舒展大度；佛教建筑格调积极欢愉；陵墓建筑依山营建，与自然和谐统一；园林建筑已出现皇家园林与私家园林的风格区分，皇家园林气势磅礴，私家园林幽远深邃，艺术意境极高。隋唐时期简洁明快的色调、舒展平远的屋顶、朴实无华的门窗无不给人以庄重大方的印象，这是宋、元、明、清建筑设计所没有的特色。

在中外建筑文化交流方面，隋唐时期的对外交往活动远及阿富汗、波斯等地，并与东罗马有间接的来往，外来文化纷纷传入，但由于隋唐时期的建筑设计实现了与国家礼制、民间习俗的密切结合，

完全满足了日常现实需求，传统的建筑设计体系没有受到外来文化的冲击。对外来装饰图案、雕刻手法及色彩组合诸方面的中国化处理，如当时盛行的卷草纹、连珠纹、八瓣宝相花等，促使传统的中国建筑更加绚丽多彩，并对日本平成京（今奈良市）和平安京（今京都市）的城市建筑设计产生了深远的影响。

五代十国时期的社会分裂对经济文化产生了极大的影响，建筑设计发展相对缓慢，基本延续了隋唐时期的建筑风格。同时，由于各地区之间交流受阻，建筑设计的地域差异逐渐扩大，对后世宋、辽、西夏、金等朝的建筑设计发展产生了一定的影响。

## 思考题

1．试述社会发展状态对隋唐、五代十国时期建筑设计的影响。

2．试分析隋唐时期的建筑设计特点及对后世建筑设计的积极作用。

3．举例分析隋唐时期佛教建筑的发展情况。

4．唐塔的类型及特点是什么？

5．隋唐、五代十国时期建筑材料有何变化？

时代的缩影：
隋唐都城

# 第五章 宋、辽、金、西夏时期的建筑

## 第一节 宋代的建筑

宋朝结束了战乱纷争的分裂局面，完成了又一次的中原社会统一。宋朝是中国历史上的一个重要王朝，经历了北宋与南宋两个阶段，北宋建都汴梁（今河南开封），南宋建都临安（今浙江杭州），历时共 320 年（960—1279 年）。宋朝一直受到北方游牧民族的侵扰和威胁，与之对峙并存的先后有契丹（辽）、夏（西夏）、金、蒙古（元）等。如果视唐朝为封建社会的繁荣期，那么宋朝就可列为民族大融合的进一步加强和封建社会的继续发展期。

### 一、东京汴梁

宋朝各地区商品经济的进步也带动了城市设计的进一步发展，里坊制被突破，集镇兴起，城市结构和布局发生了根本变化。唐朝以前的都城实行夜禁和里坊制度，随着手工业和商业的日益发展，里坊制度逐渐无法满足社会经济的发展要求，临街设店、按行成街的城市布局逐渐形成，城市消防、交通运输、商店、桥梁等建筑都有了新发展，北宋时期的汴梁城已经完全呈现出商业城市的面貌。这一时期，中国各地也已经不再兴建规模巨大的建筑，仅采用加强纵深方向的空间层次，以衬托主体建筑的建筑组合设计方案。宋朝建筑的规模制度等级明显，规定六品以下的官员不能在宅前造乌头门，庶民屋舍只许进深五架，只许建一间门屋，不许用飞檐、重拱、四铺作、藻井和五彩装饰等，以区分官宦与庶民的身份差别。

### 二、寺庙

宋朝建筑的院落空间布局或宽或窄，依据建筑错落而变幻，极富特色，如河北正定隆兴寺的布局和结构就是典型的宋朝建筑（图 5-1）。整个寺院纵深展开，殿宇重重，高潮迭起，寺中的摩尼殿大殿建在高 1.2 m 的台基上，殿平面近似正方形，宽七间，深六间，且殿每面正中各伸出一扇向前的歇山式抱厦，使平面形成十字形。殿身和四面抱厦的整体组合，使大殿外观重叠雄伟。正如梁思成先生所说："这种布局，我们平时除去北平故宫紫禁城角楼外，只在宋画里见过；那种画意的潇洒、古劲的庄严，的确令人起一种不可言喻的感觉，尤其是在立体布局的观点上，这摩尼殿重叠雄伟，可以算是艺臻极品，而在中国建筑物里也是别开生面。"宋朝砖石建筑的水平也达到了新的高度，这时的砖石建筑仍主要是佛塔，其次是桥梁。宋塔绝大多数是仿多层木构的砖石塔，石塔数量也很多（图

5-2）。这些砖石建筑反映了当时砖石加工与施工技术已达到相当高的水平。

图5-1 河北正定隆兴寺（宋朝）

图5-2 上海圆智教寺护珠宝光塔（宋朝）

### 三、陵寝

北宋帝、后陵墓从宋太祖永安陵起到宋哲宗的永泰陵止，共八陵，位于河南巩县，形成一个大陵区，从此以后，南宋、明、清设置集中陵区，实始于此。宋陵比较整齐，形制、规模基本一致。宋陵规模较唐陵小，因为宋朝的帝、后生前不营建陵墓，按礼制规定，在死后七个月内必须下葬，因此选择陵址和陵寝规模都受限制。宋陵明显根据风水观念来选择地形。宋代盛行"五音姓利"的说法，国姓——赵所属为"角"音，必须"东南地穹、西北地垂"，因此各陵地形东南高而西北低，一反中国古代建筑基址逐渐增高而将主体置于最崇高位置的传统方法。诸陵的朝向都向南而微有偏度，以嵩山少室山为屏障，其前的两个次峰为门阙，陵寝集中。汉唐陵墓大而散，自为一体。自此以后，南宋、明、清各朝都仿北宋设置集中的陵区。

## 第二节 辽、金、西夏时期的建筑

辽（907—1125 年）是契丹族在中国北方建立的一个具有相当规模的政权，与五代同时开始，又和北宋几乎同时结束。辽与中原地区常年征战，早期从唐和五代各国掠走很多汉人工匠，其建筑在设计风格上深受唐朝建筑的影响，中晚期又受到宋朝建筑的影响。金（1115—1234 年）是继辽之后的又一个少数民族政权，在灭辽之后又灭了北宋王朝，基本统一了中国北方，加速了北方少数民族的汉化进程。

### 一、城市建设

辽、金与唐、宋形制基本相仿，但在设计格局和制度等方面部分保留了本民族的固有特征。据《五代史·四夷附录》记载，"契丹好鬼贵日，朔旦东向而拜日，其大会聚视国事，皆以东向为尊，四楼门屋皆东向"，据《历代帝王宅京记》记载，"南城谓之汉城，南当横街，各有楼对峙，下列井肆。市容整备，其形制已无所异于汉族。然至圣宗开泰五年，距此时已八十年，宋人记云：承天门内有昭德宣政二殿，与毡庐皆东向"，这说明辽的城市设计体制已基本汉化，但仍然保留了契丹民族东向为尊的习俗。金早期建筑设计的地方特色明显，《大金国志》记载，"女真之初无城郭，国主屋舍车马……与其下无异，……所独享者唯一殿名曰乾元。所居四处栽柳以作禁宫而已。殿宇绕壁尽置火炕，平居无事则锁之，或时开钥，则与臣下坐于炕，后妃躬侍饮食"。随着与其他民族的频繁接触，女真族的建筑设计文化受到极大影响，《金史·熙宗本纪》记载："命少府监……营建宫室"；

《大金国志》记载："会宁府太狭，才如郡制，……设五路工匠，撤而新之"；《金史·地理志》记载："取真定材木营建宫室及凉位十六"；范成大《揽辔录》记载："皇城周回九里三十步，则几倍于汴之皇城，而与洛阳相埒。自内城南门天津桥北之宣阳门至应天楼，东西千步廊各二百余间"；楼钥《北行日录》记载："中间驰道宏阔，两旁植柳。有东西横街三道，通左右民居及太庙三省六部"。

## 二、佛寺建筑

在建筑形式及结构方面，契丹族与女真族推崇佛教，佛寺建筑兴盛。其传统木构建筑体系效仿宋朝，梁架结构和斗拱做法虽有一定的变化，但建筑整体形象上却保持着相当的稳定性（图 5-3），变化最大的是通过木构建筑的移柱、减柱等结构设计手法扩大了室内空间，这种移柱、减柱手法就是辽、金佛教建筑最为突出的设计特点。

图5-3　山西应县木塔（辽代）

西夏曾大规模地修建佛寺、佛塔和石窟寺，推崇佛教几乎成为西夏文化的主流。西夏佛寺建筑因其所处的环境不同可分为城市和山林两种类型：城市类型多位于城内或近郊，布局规整对称，与宫殿建筑设计一致；山林类型多与自然环境相结合，建筑内容和布局设计灵活。佛塔在现存西夏佛教建筑中种类最多，有密檐式、楼阁式、覆钵式和花塔等，造型挺拔高耸，在佛寺整体建筑中处于中心或重要位置，是西夏组合建筑群体的标志。西夏石窟寺建筑是在继承前代的基础上发展起来的，自己开凿的洞窟较少，主要是重新修饰前代石窟，如甘肃敦煌莫高窟、肃北五个庙石窟和内蒙古鄂托克旗百眼窑等多处都留有西夏修造的石窟遗迹。

## 三、陵墓

西夏王陵位于宁夏银川市西郊的贺兰山东麓中段，东西宽约 4.5 km，南北长约 10 km，总面积近 50 $km^2$。与宋、辽鼎立的少数民族王国——"大夏"（公元 1038—1227 年）王朝，因其位于同一时期的宋、辽两国之西，历史上称之为"西夏"。它"东尽黄河，西界玉门，南接萧关，北控大漠，地方万余里，倚贺兰山以为固"，雄踞塞上，立朝 189 年，先后传位 10 主，后为成吉思汗所灭。

西夏王陵建筑群被誉为"东方金字塔"。陵区内现存 9 座帝陵，253 座陪葬墓。西夏王陵帝陵建筑保存较好，建筑的主体为夯土。每座陵园由角台、鹊台、碑亭、月城、陵城、门阙、献殿、陵台等 8 种 20 余座建筑组成。西夏王陵陪葬墓也由一定的墓园建筑组成，建筑的数量与规模不尽相同，墓冢形制多样，有夯土冢、积石冢、土丘冢，外形也不一样。墓冢高度为 3 ~ 16 m。

西夏王陵三号陵（图 5-4）的面积为 15 万 $m^2$，是西夏王陵九座帝王陵园中占地面积最大和保护最好的一座，考古专家认定其为西夏开国皇帝李元昊的"泰陵"。

图5-4　西夏王陵三号陵

# 第三节 宋、辽、金、西夏时期的建筑技术和艺术

## 一、宋朝的建筑技术与艺术

宋朝的建筑设计体系继承隋唐并进一步加强，北宋时政府颁布的《营造法式》是第一本以文字形式确定下来的关于建筑设计、施工规范的书，这是中国古代最完整的建筑技术书籍，在南宋及元朝均受到了重视，在明朝也被用来指导当时的建筑活动，它标志着当时的建筑设计已经发展到了较高水平，被视为中国古代建筑设计系统的权威（图 5-5、图 5-6）。宋朝的疆域相对较小，单以地区而言，宋朝社会经济文化最发达且持续发展的地区主要是江浙和四川一带，山区和少数民族地区的社会经济文化比唐代有了较大的发展。南方经济的发达促进了园林建筑的兴盛，宋朝成了中国古典园林设计的成熟期。有文献记载的私家园林和皇家园林的名字就达 150 余个，不仅数量大大超过以往，而且艺术风格更加清雅柔逸，通过借景、补景等多种设计手法强调了人与自然的和谐，对后世园林设计的发展产生了重大影响。

在建筑装饰设计方面，宋朝建筑从外貌到室内，都和隋唐建筑有着显著不同。宋朝建筑在技巧娴熟的基础上，更注重细部的设计，不仅对梁柱进行艺术加工，而且对局部装修和色彩装饰进行了更为细致的处理。如将格子门的一条门框设计出多种断面形式，在毯文窗格的棂条表面加上凸起的线脚，用由浅到深、四层晕染的手法绘制彩画，雕饰更为丰富多彩、富于变化的图案等。再如宋朝的墓葬建筑遗址中出现了墓主观戏、墓主夫妻饮宴、墓主出行和回归之类题材的壁画或雕刻设计，这些壁画和雕刻装饰对后世民间图案的发展具有指导性的意义。

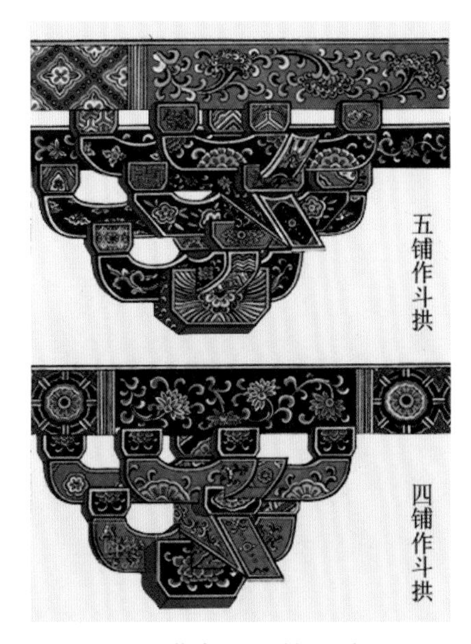

图5-5 营造法式斗拱（宋朝）

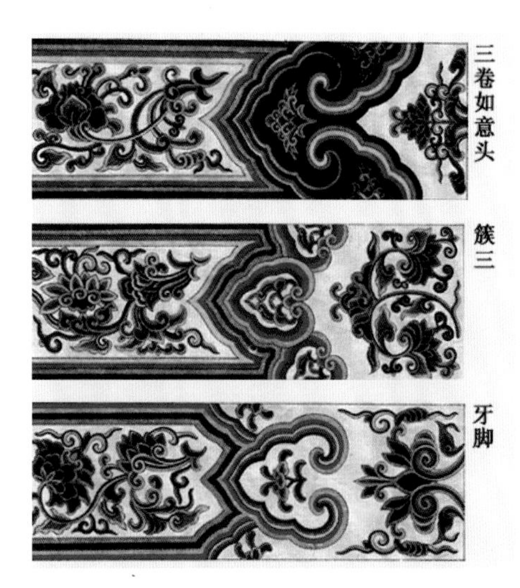

图5-6 营造法式彩画制度（宋朝）

## 二、辽、金、西夏时期的建筑技术与艺术

在技术方面，木构建筑有了许多变化，砖石建筑达到了一个新的高度。

在木结构技术方面，辽、金时期有了新的改变，如大同善化寺大殿等，由于功能上的要求，将内槽后移，加深进深方向的空间层次，柱网打破了严格对称的格局。在结构上已开始简化，其中最重要的一个特点是斗拱机能开始减弱，斗拱比例减小，并且从辽代开始出现的斜向出拱的斗拱结构方法，在金代大量使用，而且更加复杂。

在砖石结构技术方面，辽、金时期已达到新的阶段。砖石建筑主要是佛塔，其次是桥梁。从砖塔的结构上可以看到当时砖结构技术有了很大进步，为使塔心和外墙连成一体，加强砖塔的坚实度和整体性，采用了发券的方法。

辽、金时期不但出现了模仿木构建筑的砖石塔，还出现了模仿木构建筑的砖石陵墓，人们创造了许多华丽、精美的地下宫殿，它们成为此时期建筑艺术的主流。

辽代建筑与宋朝建筑不同，基本上继承了唐朝简朴、雄壮的风格，斗拱雄大硕健，檐出深远，屋顶坡度和缓，曲线刚劲有力，细部简洁，雕饰较少。金在建筑艺术处理上，糅合了宋、辽建筑的特点。

西夏建筑装饰设计基本上是效仿唐、宋，也包括彩绘、雕塑和壁画三部分，《凉州重修护国寺感通塔碑》记载："……于是众匠率职，百工效技，圬者缋者，是墁是饰，丹口具设，金碧相间，辉耀日月，焕然如新，丽矣壮矣，莫能名状"，这说明西夏建筑曾作了丰富的彩绘装饰设计。西夏建筑大量使用砖瓦等陶质雕塑，屋顶琉璃脊饰主要有鸱吻、鸽、龙首鱼、四足兽等祥瑞之物，色彩艳丽，造型美观；屋檐端头普遍使用瓦当和滴水装饰，瓦当表面为简化兽头，兽面外围饰圆点纹，滴水呈三角形，饰兽面或模印莲花、石榴果等纹样，构图疏密有致，图案精美清晰且等级制度森严。花纹砖也是西夏建筑中较具特色的装饰设计手法，砖正面施绿琉璃，饰以莲花、忍冬或水草等纹样，采用中心式或轴对称式构图方式，砖侧面则饰带状花纹。由此可见，随着长期以来中原与西域地区民族文化的交流，西夏建筑同时受到了西域和中原建筑的影响，别具地方特色。

## 第四节 小结

宋是古代中国建筑设计史上的全盛期，辽承唐制，金随宋风，西夏别具一格，多种民族风格的建筑共存是这一时期的建筑设计特点。宋朝的建筑学、地学等都达到了很高的水平，如"虹桥"（飞桥）是无柱木梁拱桥（即垒梁拱），达到了我国古代木桥结构设计的最高水平；建筑制度更为完善，礼制有了更加严格的规定，并著作了专门书籍以严格规定建筑等级、结构做法及规范要领；建筑风格逐渐转型，宋朝建筑虽不再有唐朝建筑的雄浑阳刚之气，却创造出了一种符合自己时代气质的阴柔之美；建筑形式更加多样，流行仿木构建筑形式的砖石塔和墓葬，设计了各种形式的殿阁楼台、寺塔和墓室建筑，宫殿规模虽然远小于隋唐，但序列组合更为丰富细腻，祭祀建筑布局严整细致，佛教建筑略显衰退，都城设计仍然规整方正，私家园林和皇家园林建筑设计活动更加活跃，并显示出细腻的倾向，官式建筑完全定型，结构简化而装饰性强；建筑技术及施工管理等取得了进步，出现了《木经》《营造法式》等关于建筑营造总结性的专门书籍；建筑细部与色彩装饰设计受宠，普遍采用彩绘、雕刻及琉璃砖瓦等装饰建筑，统治阶级追求豪华绚丽，宫殿建筑大量使用黄琉璃瓦和红宫墙，创造出一种金碧辉煌的艺术效果，市民阶层的兴起使普遍的审美趣味更趋近日常生活，这些建筑设计活动对后世产生了极为深远的影响。辽、金的建筑以汉唐以来逐步发展的中原木构体系为基础，广泛吸收其他民族的建筑设计手法，不断改进完善，逐步完成了上承唐朝下启元朝的历史过渡。

### 思考题

1. 试述社会发展状态对宋朝建筑设计的影响。
2. 试分析宋、辽、金及西夏建筑设计的异同。
3. 试对山西应县木塔作建造分析。
4. 唐陵和宋陵两者有什么不同？
5. 试解释《营造法式》。

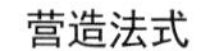

营造法式

中国历史上最繁荣时代的都城：汴梁

# 第六章 元、明、清时期的建筑

## 第一节 元代的建筑

1271 年，元朝建立，结束了长达数百年的多政权并立局面，实现了包括新疆、西藏及云南地区在内的全国大统一。元朝前期由于受蒙古军的南侵，中原和原南宋地区的社会经济遭到了严重破坏，元中叶后生产逐渐恢复，邻街设店的城市格局进一步发展，中原和江南沿海若干城市也日渐繁荣。同时由于元朝统治阶级提倡儒学，崇信藏传佛教，元朝引入了一些新的建筑类型，如喇嘛塔、盝形屋顶等。汉族传统的建筑形制在元朝得到了进一步发展，如在官式木构建筑上直接使用未经加工的木料、缩小斗拱比例、加大补间铺作等，使元朝建筑呈现出一种粗犷直率的独特风格。

### 一、城市与宫殿

元朝在一片荒野上营建大都城（今北京），由刘秉忠、郭守敬主持规划设计，是我国第一个按照《考工记》理想所设计的城市，格局方整，水利系统良好，街道纵横交错，市街景观繁荣。至此，北京开始成为全国的政治、经济和文化中心。据史料记载，元朝仍然以夯土修筑城墙，在城门之外加修瓮城以集结守城士兵，瓮城上加修箭楼，内设射箭孔，城门守军的防御能力得到加强，如现在的“前门”就是元朝正阳门的瓮城。元大都宫城位于全城南部中央，宫城北部为御苑（即皇家园林），西部为太液池（今北海），太液池南岸为隆福宫，北岸为兴圣宫，三宫鼎峙，周围环绕萧墙，又称红门拦马墙，以此形成以太液池为中心的宫苑区。马可·波罗记载，“大都街道甚直，此端可见彼端，盖其布置，使此门可由街道远望彼门。城中有壮丽的宫殿，复有美丽邸舍甚多。各大街两旁，皆有种种商店屋舍。每方足以建筑大屋，连同庭院园囿而有余……方地周围皆是美丽道路，行人由斯往来。全城地面规划有如棋盘，其美善之极，未可宣言”，这足以说明元大都的宏伟与繁荣。

元朝的宫殿设计得极为奢侈，布局考究、空间高旷、材料昂贵、装饰精美。有史料记载：“大殿宽广足容六千人聚食而有余，房屋之多，可谓奇观。此宫壮丽富赡，世人布置之良，诚无逾于此者。顶上之瓦，皆红黄绿蓝及其他诸色，上涂以釉，光泽灿烂，犹如水晶，致使远处亦见此宫光辉，应知其顶坚固可以久存不坏”。

### 二、宗教建筑

#### 1．庙宇

由于统治者崇信宗教，尤其是藏传佛教得到提倡后，元朝设计建造了很多大型庙宇。如现存的北岳庙德宁殿（今河北省曲阳县城内）就是我国现存元朝木结构建筑中最大的一座，也是庙内的主体建筑。大殿建在高台基上，高达30 m，重檐庑殿式，琉璃瓦脊，青瓦顶。殿内绘有巨幅壁画《天宫图》，高约7m，长约18m，色彩浓郁协调。山西永济县的永乐宫是元朝的一座重要道观，现存中轴线上一组建筑全为元代遗物，正殿三清殿大木做法规整，殿内绘有艺术水准较高的壁画。据此可知，元朝的宗教建筑较多保存了宋、金的建筑形制，对建筑装饰的设计也进行了细致的研究。

**2. 喇嘛塔**

自元朝开始从尼泊尔等地传入西藏的覆钵式瓶形喇嘛塔，在中原地区的寺院中逐渐流行，如现存北京的妙应寺白塔就是单体塔的代表作品，也是中国最大、最早设计的藏式佛塔（图6-1、图6-2）。白塔塔基高9 m，塔高50.9 m，底座面积为1 422 $m^2$，从下至上由塔基、塔身、相轮、华盖和塔刹组成。塔基分3层，下层为护墙，平面呈方形，塔基前设计有通道，通过台阶可直达塔基，中层与上层均为折角须弥座，平面呈“亚”字形。须弥座基台上为巨型覆莲座，就是以砖砌筑并雕出巨大的莲瓣，外涂白灰，莲座外设计有5道环带形金刚圈以托塔身。塔身为一巨大的覆钵，形状类似宝瓶，也叫塔肚，直径为18.4 m，设计7条铁箍将塔身环绕成一个外形雄浑稳健的整体。塔身上方又设有一层折角式须弥座以连接塔身与相轮。相轮层层拔高收紧，下大上小，呈圆锥形，共13层，又叫“十三天”。相轮则是鉴别此类塔年代的标准，元朝喇嘛塔的相轮较为粗壮，呈圆锥形，而明、清喇嘛塔的相轮大小逐步接近，清朝喇嘛塔的相轮已经出现了圆柱形状。“十三天”相轮上为直径9.7 m的华盖，华盖以厚木作底，上置铜板瓦，并做成40条放射形的筒脊，华盖四周悬挂36副铜质透雕的流苏和风铃。华盖顶部中心处为塔刹，是一座高约5 m的鎏金宝顶，以8条粗壮的铁链将宝顶固定在铜盘上，金光闪烁，耀眼醒目。

**图6-1　北京妙应寺白塔（元朝）**

**图6-2　北京妙应寺白塔的相轮华盖和塔刹（元朝）**

### 三、元代建筑技术与艺术

元代建筑大多沿袭了唐、宋以来的传统设计形制，部分地方继承了辽、金建筑的特点。元代建筑大量使用圆木、弯曲木料作为梁架构件，并简化局部建筑构件，在结构设计上大胆运用减柱法、移柱法，使建筑呈现随意奔放的风格，但由于木料特性的限制，以及缺乏科学计算方法，元代建筑不得不额外采用木柱进行结构加固。如云南南县城内的广福寺大殿，刘敦桢《西南建筑图录》记载："大殿平面广五间，深四间，单檐九脊顶。檐柱卷杀为梭柱。外檐斗拱重杪重昂，昂为平置假昂，昂嘴斜杀为批竹式，但昂尖甚厚，至为奇特，柱上阑额虹起如月梁，补间铺作遂不用栌斗，将华拱泥道拱相交直接置于阑额之上，至为罕见。梁断面均近圆形，为元代显著特征之一。"元朝建筑布局也承袭了宋、金建筑前三殿、后三宫的平面布置方式，采用工字形制的处理手法。在建筑装饰设计方面，《马可波罗行纪》（冯承钧译本）记载，"殿楹四向皆方柱，大可五六尺，饰以起花金龙云。楹下皆白石龙云花，顶高可四尺。楹上分间，仰为鹿顶斗拱攒顶，中盘黄金双龙，四面皆缘金红琐窗，间贴金铺，中设山字玲珑，金红屏台，台上置金龙床，两旁有二毛皮伏虎，机动如生"，这就说明元代建筑装饰纹样倾向于写实，色彩和图案也都经过仔细研究，装饰精美绚烂。

## 第二节 明代的建筑

明朝于 1368 年建立，定都南京，后又迁都北京，是在元末农民大起义的基础上建立起来的汉族地主阶级政权。明朝中央集权发展到极点，中国社会再次实现强大的统一。明朝初期采用各种发展生产的措施，使社会经济迅速恢复发展，手工业生产和对外贸易十分繁荣，建筑设计形制继承宋朝并取得了一定的进步。这一时期的城市规划和宫殿建筑均被后世沿用，都城北京和中国现存规模最大的古城南京均得益于明朝的规划设计。

### 一、城市与宫殿

#### 1. 城市设计

明朝开国之初的南京城是在元代集庆路旧城的基础上扩建的，城市由旧城区、皇宫区、驻军区三大部分设计而成，环绕这三区修筑了长达 33.68 km 的砖石城墙。旧城区邻近皇宫，是城市对外交通的要冲地带，设置了大批手工业作坊和酒楼店铺，居民密集，商业繁荣，也集中了大量官府宅第，如大功坊的徐达宅、常府街的常遇春宅、马府街的郑和宅等。皇宫区设在旧城区东侧，北枕钟山支脉富贵山，南临秦淮河，又与旧城区紧密相连，合乎风水术所追求的阳宅背山、面水、向阳的模式。驻军区地处城内西北部，设计建造了大片营房、粮仓、库房和各种军匠工场以形成一个独立的军事管理区。在这三区的中间位置，设计了高大的钟、鼓楼为全城报时，带有明显的元朝遗风。南京城的道路系统设计成不规则形式，城墙的走向也是沿旧城轮廓和山水地形弯曲缭绕，皇宫区偏向一边，全城无明显的中轴线，改变了唐、宋、元以来追求方正对称、布局规整的设计传统，创造出山、水、城相融合的自然城市景观。明朝初期的北京城沿用并扩建了元都旧城。1416 年，明成祖迁都北京，为了仿照南京皇宫的设计形制，在宫前布置五部六府官衙，将南城墙向南移了约 0.8 km。到明朝中期由于北方蒙古部族的军事威胁，又仿照南京城在城外加筑一道外郭城以加强防御，但受到财力限制，这道外郭城只向南修筑了 8 km 就从东、西两端反折向北修筑，以与旧城城墙相接，致使整个城市平面形成一个"凸"字形轮廓，这种格局一直保持到 20 世纪 40 年代末。

由此可见，由于城市对外交通、居民人口聚集及商旅运输繁华的移位，明朝的北京城（图 6-3）在元朝的基础上逐步向南发展，通过几次大规模的设计修建，将原元朝城外热闹的居民区圈入城中，同时将最重要的礼制建筑天坛等一并围入，使北京城显得更加宏伟壮丽。

#### 2. 宫殿建筑设计

明朝初期，在元朝大内旧宫的基址上营建宫殿，改元朝旧宫为燕王府。明成祖朱棣决定迁都北京后将旧宫全部拆除，按照南京宫殿的模式重新设计建造新宫，这就是今天的北京故宫，这是现存中国古代最大的建筑宫殿群，曾有 24 个皇帝在里面统治中国长达 5 个世纪。北京故宫共设计建造 8 350 间房，其后虽然屡有重建、增建，但整体建筑规模与布局形式在明朝已经奠基成型，没有受到局部修建的影响。宫殿中的外朝内廷、东西六宫、三朝五门、左文华右武英、左祖右社、人工堆筑万岁山等做法都是仿照明初南京宫殿的设计形制，就连殿宇门阙的名称也与南京相同，但北京宫殿的规模比南京更大，离宫、园林建筑更加兴盛，在结合地形、空间处理、造型变化等方面的设计都达到了极高的水平。如明朝不断兴建亭台殿阁，并扩大开挖元朝的太液池，还将一处练习射箭的东苑设计成山水花木与殿阁交相辉映的离宫，又将万岁山设计建造成离宫区，这些都使明朝的皇家园林建筑设计达到了鼎盛。另外，江南一带的官僚地主私家园林也十分发达（图 6-4、图 6-5）。

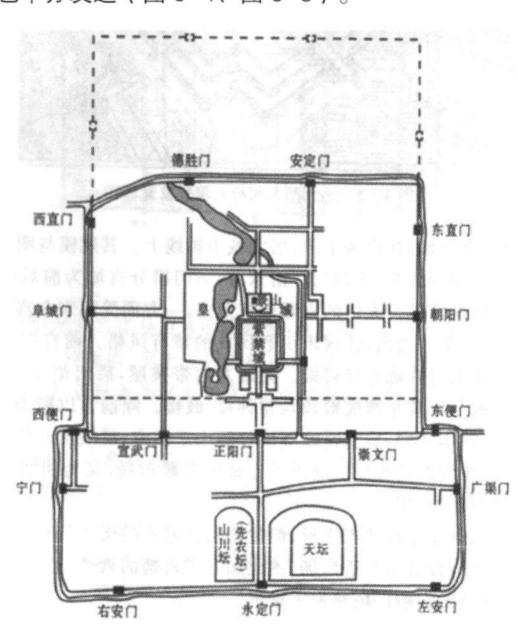


图6-3　明朝的北京城

图6-4　苏州留园（明清时期）

图6-5　苏州沧浪亭（明清时期）

### 3．民居建筑设计

明朝的住宅建筑形态各异、丰富多彩，现今所知的最早的中国民居住宅实物就是在明朝出现的，已经发现的明朝住宅广泛分布于江苏、浙江、安徽、江西、山东、山西、陕西、福建、广东、四川等地。地理环境、生活习惯、文化背景和传统技术的差异使各地住宅建筑呈现出不同的设计形态。如山西襄汾丁村东北隅的一座明朝住宅是一组四合院，门房一间设在东南角，正房三间，东、西厢房和倒座各开二间。这可能是由于山西属于大陆性气候，冬季寒冷，传统惯用的木构架开三小间的方式不利于布置室内火炕，所以改设二间使用；另外，住宅内院南北向设计得狭长，以吸收阳光；墙体设计较厚，以保温御寒。同时由于当地雨量稀少，山西的次要房屋仅用仰瓦铺设，省去了盖瓦。根据当时的风水之说，将住宅建筑设计成正房在北、大门在东南的布局属于“坎宅巽门”的吉宅，在北方一带颇为流行。再如江苏苏州东山杨湾的翁宅是明朝时期南方的一座普通民宅。此宅大门朝南，临近杨湾大路，全宅共有前、后两进院落，前院临街房屋五间，中设门房一间，门内小院两侧东、西厢房各两小间；后院是一座楼房，为堂屋与卧室所在；出于安全防卫的考虑在两院之间设置一堵高而厚的墙。整个住宅用地紧凑，庭院设计狭小，是江南地区流行的小天井式住宅布局，如图 6-6 和图 6-7 所示。

## 二、宗教建筑

在宗教建筑设计方面，明朝的佛寺建筑造型多样，打破了我国佛寺传统单一的程式化处理，创造了丰富多彩的建筑样式。明朝时期，喇嘛教在内地渐衰，却在藏族地区得到很大发展，15 世纪是西藏地区佛寺建筑的鼎盛时期，以格鲁派四大寺（甘丹寺、哲蚌寺、色拉寺、扎什伦布寺）的兴建为标志。这四座寺院规模宏大，佛殿、经堂、喇嘛住宅等建筑物设计成高低错落状，形成壮观的建筑群。明朝中期，由于喇嘛教迅速向青海、甘肃、四川等藏族地区及北方蒙古族地区传播，使青海、甘肃、四川地区的藏传佛教建筑设计深受影响，内蒙古地区的寺庙则形成了汉藏结合的建筑风格，如图 6-8 ~图 6-12 所示。

图6-6　福建山区大型夯土民居建筑外观（明清时期）

图6-7　福建山区大型夯土民居建筑内部（明清时期）

图6-8　安徽九华山大雄宝殿（明朝）

图6-9　西藏甘丹寺全景（明朝）

图6-10　西藏哲蚌寺（明朝）

图6-11　西藏扎什伦布寺（明朝）

图6-12　西藏色拉寺

## 三、陵墓

明十三陵是明朝迁都北京后13位皇帝陵墓的总称，位于北京市西北约44 km处的昌平区天寿山南麓，陵区面积达40多平方千米。在长达200多年间依次建有长陵(成祖)、献陵(仁宗)、景陵(宣宗)、裕陵(英宗)、茂陵(宪宗)、泰陵(孝宗)、康陵(武宗)、永陵(世宗)、昭陵(穆宗)、定陵(神宗)、庆陵(光宗)、德陵(熹宗)、思陵(思宗)，故称十三陵。陵内共葬有皇帝13人、皇后23人。陵区内还曾建有妃子墓7座、太监墓1座和行宫、苑囿、石牌坊、大宫门、碑楼、神道等附属建筑。十三陵是我国历代帝王陵寝建筑中保存完整、埋葬皇帝最多的古墓葬群。它的建筑雄伟，体系完整，历史悠久，具有极高的历史和文物价值。

中国历代皇帝为了提倡“厚葬以明孝”，以维护他们世袭的皇位和“子孙万代”的皇朝，不惜用大量的人力、物力修建巨大的陵墓。一般来说，陵墓建筑反映了人间建筑的布局和设计。秦、汉、唐和北宋的帝后陵都具有明显的轴线，陵丘居中，绕以围墙，四面辟门；而唐与北宋陵在每个陵的轴线上建享殿、门阙、神道和石象生等。明朝各陵采用长达7 km的公共神道与牌坊、碑亭，而方城明楼和宝顶相结合的处理方法，则是在北宋和南宋陵墓的基础上发展而成的。

## 四、建筑制度

唐、宋时期朝廷对官员及庶民的住宅形制已有一定的限制，但相对比较粗略宽松，明朝对住宅的等级设计划分更加严格，官宦设计建造住宅不能使用歇山及重檐屋顶、重复斗拱及藻井等，而这些限制在宋朝原仅是针对庶民的。此外，明朝又把公侯和官员住宅分为四个级别，在大门与厅堂的间数、进深以及油漆色彩等方面加以严格限制。庶民住宅不能超过三间，不能使用斗拱和彩色。以上这些都反映了明朝住宅建筑等级制度的森严，但逾制的现象十分普遍，至今江苏苏州一带的民居中仍保存有一批十分精美的贴金彩画和砖石雕刻，如图6-13 ~图6-15所示。

图6-13　江南民居内景（明朝）

图6-14　江南民居彩画装饰（明朝）

图6-15　江南民居雕饰（明朝）

## 五、明代的建筑技术与艺术

第一，砖的生产技术改进，砖雕也有很大发展，明朝宫殿、民居等建筑普遍使用砖石材料，砖墙的普及为建筑设计的进一步发展创造了条件。明朝以前的大部分砖墙建筑采用里外墙面用砖砌筑、中间部分为夯土的包砌法，仅在高大城楼下面才砌筑实体砖台。明朝以后常用城砖、方砖、开条砖等若干规格的砖，最初采用与夯土砌筑类似的陡砌法，后来采用平卧砌筑法，砌筑用的胶结材料，早期使用黄土泥浆，明朝已经普遍使用石灰浆粘结。另外，砖拱券从最初只用于砖塔层间的楼面承托及某些地下建筑的门窗、壁龛等小规模、小跨度的结构，逐渐转变成大规模的地上建筑结构，明朝以后大量出现大跨度的砖拱券，用作城门洞、桥以及建筑下部的承重结构。无梁殿便是明朝首创的砖砌拱券建筑，其主体结构由砖拱券构成，室内空间为一大型砖拱，前后在垂直方向再砌出若干小型砖拱券作为门窗用，外部出檐、斗拱、檩枋等均以砖石仿木构件样式制作，顶面覆盖瓦屋面。较早的实物以明朝初期建造的南京灵谷寺无梁殿为代表，北京的皇史宬也是很著名的无梁殿实例。

第二，琉璃制作技术进一步提高，琉璃塔、琉璃门、琉璃牌坊、琉璃照壁等都在明朝有所发展，琉璃面砖、琉璃瓦在各地建筑设计中使用普遍，色彩品种增多，中国建筑色彩斑斓、绚丽多姿的设计特点在明朝已经达到成熟。

第三，木构架结构经过元朝的简化，到明朝形成了新定型的木构架，在强化整体结构性能、简化施工和斗拱装饰化三个方面有所发展，如宋朝惯用的木构架层层相叠以形成楼阁的做法，在明朝则被贯通上下楼层的柱子构成的整体框架所取代；柱与柱之间增设了联结构件的穿插枋、随梁枋，改善了殿阁的建筑结构；明朝建筑的斗拱用料变少，结构作用减少，排列设计越加繁密。这些特征都使明朝的建筑形象较为严谨稳重，而不同于唐、宋建筑的舒展开朗。明朝建筑群体的布局方式更为成熟，南京明孝陵和北京十三陵是善于利用地形和环境以形成陵墓肃穆气氛的杰出实例，如图 6-16 ~ 图 6-18 所示。

**图6-16　北京明十三陵定陵（明朝）**

**图6-17　北京明十三陵神路（明朝）（一）**

**图6-18　北京明十三陵神路（明朝）（二）**

# 第三节 清代的建筑

## 一、北京故宫

明朝后期，中国东北部的满族迅速崛起，于1644年建立清朝，定都北京。清朝是中国社会的又一次大统一，各少数民族（藏、蒙、维吾尔）的建筑设计均有所发展，如西藏的布达拉宫（图6-19）、新疆吐虎鲁克等的设计建造标志着少数民族建筑较高的发展水平。单说现存的清朝建筑，成就最高的无疑是北京故宫，其面积规模几乎超过当今世界任何一个国家的帝皇宫殿（图6-20）。北京故宫旧称紫禁城，占地72万$m^2$，有屋宇9 999间半，建筑面积为15.5万$m^2$。整体设计平面呈长方形，四角矗立风格绮丽的角楼（图6-21），墙外有宽52 m的护城河环绕（图6-22），形成了一个壁垒森严的城堡。故宫设有4个大门，正门取名为午门，俗称五凤楼，将其平面设计成凹形，中有重楼，重檐为庑殿顶，两翼各有重檐楼阁四座，明廊相连，宏伟壮丽（图6-23）。午门后有5座精巧的汉白玉拱桥通往太和门。东门取名东华门，西门取名西华门，北门取名神武门。清朝宫殿的建筑设计为外朝、内廷分区布局。外朝与内廷的建筑气氛迥然不同。外朝以太和、中和、保和三大殿为中心，是封建皇帝行使权力、举行盛典的地方。内廷以乾清宫、交泰殿、坤宁宫为中心，是封建帝王与后妃居住之所。此外还有文华殿、武英殿、御花园等。太和殿俗称金銮殿，在故宫的中心部位，是故宫的三大殿之一，殿基为高约5 m的汉白玉台基，台基四周矗立成排云龙云凤望柱，前、后各设有3座石阶，中间石阶为雕琢有蟠龙、海浪和流云相互映衬的御路。殿内设有沥粉金漆木柱和精致的蟠龙藻井，殿中间摆设金漆雕龙宝座，是封建皇权的象征（图6-24）。太和殿红墙黄瓦、朱楹金扉，是故宫最壮观的建筑，也是中国最大的木构殿宇。中和殿位于太和殿后面，平面呈方形，黄琉璃瓦四角攒尖顶，正中有鎏金宝顶，形体壮丽，建筑精巧。保和殿设在中和殿后，平面呈长方形，建筑装修与彩绘也十分精细绚丽（图6-25）。乾清宫在故宫内庭最前面，曾为皇帝居住和处理政务之处。交泰殿在乾清宫和坤宁宫之间，平面呈方形，黄瓦四角攒尖顶，是清朝举行封后仪式和皇后诞辰礼的地方。坤宁宫在故宫内庭最后面，明朝时期为皇后住所，清朝改为祭神场所，其中东暖阁曾为皇帝大婚的洞房。

图6-19　西藏的布达拉宫

图6-20　北京紫禁城（清朝）

图6-21　北京紫禁城角楼（清朝）

图6-22　北京紫禁城护城河（清朝）

图6-23　北京紫禁城午门（清朝）

图6-24　北京紫禁城太和殿内部（清朝）

图6-25　北京紫禁城保和殿阶石（清朝）

北京故宫建筑群完整体现了中国文化的精粹，紫禁城取“紫微正中”的紫，象征皇宫是人间的正中，禁则指皇室居所，极为尊严。故宫建筑群设计了9 999间房子，每个门上的铜门钉也设计成横、竖9颗，古代人认为9是数字中最大的，9的谐音为久，寓意江山天长地久。故宫建筑取名常用的仁、和、中、安等字，代表了中国儒家思想中仁和、中正的核心。另外，故宫较多使用黄色琉璃瓦，室内的颜色也多设计成黄色，这种设计可能源于《尚书》中记载的“金、木、水、火、土”五行说，黄色代表土，土是万物之本，皇帝也是万民之本，所以皇宫多用黄色；故宫中唯一使用黑色琉璃瓦的建筑是藏书楼文渊阁，五行中的黑色象征水，将藏书楼设计成黑瓦，代表水克火，取意防火，其多种设计手法的运用足见清朝建筑的严谨考究。

沈阳故宫文渊阁如图6-26所示。

图6-26　沈阳故宫文渊阁（清朝）

## 二、民居建筑

清朝时期北方民居建筑的典型代表是北京四合院（图6-27、图6-28）。四合院是一组封闭式的住宅建筑群，院落宽绰疏朗，四面房屋各自独立，彼此之间设计有游廊连接，生活起居十分方便。北京四合院大门内外的重要装饰壁面就是影壁（图6-29），绝大部分由砖料砌成，墙面叠砌考究、雕饰精美并镶嵌吉辞颂语，有效地遮挡了大门内外杂乱呆板的墙面，通过一座垂花门进入内宅。内宅是由北房，东、西厢房和垂花门四面建筑围合起来的院落，封建社会内宅居住的分配是非常严格的，位置优越显赫的正房由老一代的老爷、太太居住。北房三间仅中间一间向外开门，称为堂屋，两侧两间仅向堂屋开门，形成套间，成为一明两暗的格局。堂屋是家人起居、招待亲戚或供奉祖先的地方，两侧多作卧室。东、西两侧的卧室也有尊卑之分，在一夫多妻的制度下，东侧为尊，西侧为卑。东、西耳房可单开门，也可与正房相通，一般用作卧室或书房。东、西厢房则由晚辈居住，厢房也是一明两暗，正中一间为起居室，两侧为卧室。将南侧一间分割出来用作厨房或餐厅。中型以上的四合院还常建有后军房或后罩楼，主要供未出阁的女子或女佣居住。南方地区的住宅院落很小，四周房屋连成一体，称作“一颗印”，以适应南方的气候条件。南方民居建筑多使用穿斗式结构，房屋的设计组合比较灵活，适于起伏不平的地形。南方民居多用粉墙黛瓦，给人以素雅之感。南方建筑的山墙普遍做成“封火山墙”，可以认为它是硬山的一种夸张处理，这种高出屋顶的山墙，确实能起到防火的作用，同时也能体现很好的装饰效果，如图 6-30、图 6-31 所示。

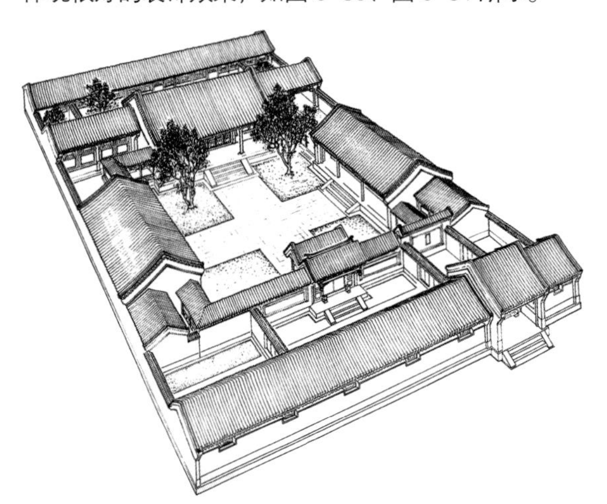

图6-27　北京四合院鸟瞰示意（清朝）

图6-28　北京四合院外墙

图6-29　北京四合院影壁（清朝）

图6-30　安徽宏村民居（清朝）

图6-31　南方民居建筑外墙（清朝）

## 三、清代的建筑技术与艺术

清朝单体建筑的设计大致符合《工程做法则例》的规定，与明、清以前的建筑相比，其标准化、定型化的程度更高，表现在斗拱结构功能弱化、层叠数量增多、装饰效果加强、出檐减小、举架增高等方面。清朝单体建筑造型已不满足于传统的几间几架简单的长方块建筑，而是在进退凹凸、平座出檐、屋顶形式、廊房门墙等方面追求变化，设计出更富于艺术表现力的建筑形体，如承德普宁寺大乘阁、北京雍和宫万福阁、北京天坛等（图 6-32 ~图 6-35）。

图6-32　北京颐和园内的牌楼（清朝）

图6-33　承德普宁寺大乘阁（清朝）

图6-34　北京雍和宫万福阁（清朝）

图6-35　北京天坛（清朝）

清朝的建筑数量比以往任何朝代都要多，但木材料的积蓄日渐稀少，迫使其采用更多其他的建筑材料进行建筑设计活动。砖瓦数量明显增加，住宅建筑普遍改用砖石作围护材料，且比以往更多地使用砖石承重或砖木混合结构。各种石材、竹材、苇草、白灰等地方特色材料在民间建筑中的设计趋于纯熟，如福建、广东一带使用夯土、卵石可以砌筑高达四层的住宅建筑（图 6-36）；西藏工匠在不挂线、不校正水平的情况下可以凭借经验砌筑高峻的毛石墙。此外，浙江天台的石板墙、福建惠安的石墙和石屋面、贵州镇宁石头寨的石建筑等，皆是就地取材设计的实例。

清朝的木构架建筑结构得到了许多改进。封建社会发展到清朝已步入尾声，数千年来应用木材构筑房屋的结果已使木材濒临枯竭的地步，加之人口剧增，宫殿坛庙以及宫苑园林建造数量超过前代，更加重了木材供应的紧张程度，必须寻求木构技术改进措施。如一般柱身长度不够可用两木对接，接口用十字榫或巴掌榫；梁的断面不够可用两根或三根拼合，拼缝用燕尾榫，内缝用暗榫，外用铁箍形成拼合梁；特长柱身的心料也可墩接，外加斗接的包镶料，形成长柱。如承德普宁寺大乘阁中直径 74 cm、柱高 24.47 m 的 16 根贴金柱，即用此法制成。清朝由于使用拼合柱，梁柱榫卯交接及扒梁、抹角梁的构造方式，使结构体系更为灵活多变，创造了许多高大的木构楼阁建筑，如北京颐和园佛香阁、颐和园重檐八角亭和雍和宫万福阁等（图 6-37、图 6-38）。

图6-36　福建夯土石楼内部（明清时期）

图6-37　北京颐和园佛香阁（清朝）

图6-38　北京颐和园重檐八角亭（清朝）

清朝建筑的艺术风格也有很大改变，建筑设计不再追求建筑的结构美和构造美，而更注重建筑组合、形体变化与细部装饰等方面的设计美学形式。如北京西郊园林、承德避暑山庄、承德外八庙等建筑群的组合都达到了历史上的最高水平，这充分显示了工匠师在不同的地形条件下灵活妥善地运用各种建筑体型进行空间组合的能力（图 6-39、图 6-40）。

图6-39　北京颐和园俯瞰（清朝）

图6-40　河北承德避暑山庄（清朝）

清朝建筑中的彩画、小木作、栏杆、内檐、雕刻、塑壁等各方面的装饰设计更为艺术化，具体表现为清朝突破了明朝旋子彩画的局限，将官式彩画发展成和玺、旋子和苏式彩画三大类。另外，清朝建筑的装饰设计材料及形式范畴扩大，各类硬木、雕刻用木、铜件、金箔、纸张、纱绸、玉石、蚌壳、油漆、琉璃、瓷器等都被使用，清朝中期以后还引进了玻璃制品装饰建筑。如浙江东阳、云南剑川等木雕技艺发达地区的民居门隔扇心全为镂空透雕的木刻制品，将花鸟树石设计雕刻成为一组画屏。内檐隔断也是装饰的重点，除使用隔扇门、板壁外，还大量设计罩类材料分隔室内空间，常见的就有栏杆罩、几腿罩、飞罩、炕罩、圆光罩、八方罩、盘藤罩、花罩等样式，还有博古架、太师壁等也设计成室内隔断形式。内檐中还引用了大量工艺美术品的制造工艺技术，如硬木贴络、景泰蓝、玉石雕刻、贝雕、金银镶嵌、竹篾、丝绸纱绢装裱、金花墙纸等，使室内观赏环境更加丰富。此外，砖、木、石雕在清朝建筑设计中得到了广泛使用，几乎成为表现财富的一种标志。其他装饰手段如塑壁、灰塑、大理石镶嵌、石膏花饰等也得到了重视，使清朝建筑装饰设计充分展现出中国传统建筑设计的形式美感，如图 6-41 ~图 6-45 所示。

图6-41　北京紫禁城内建筑装饰

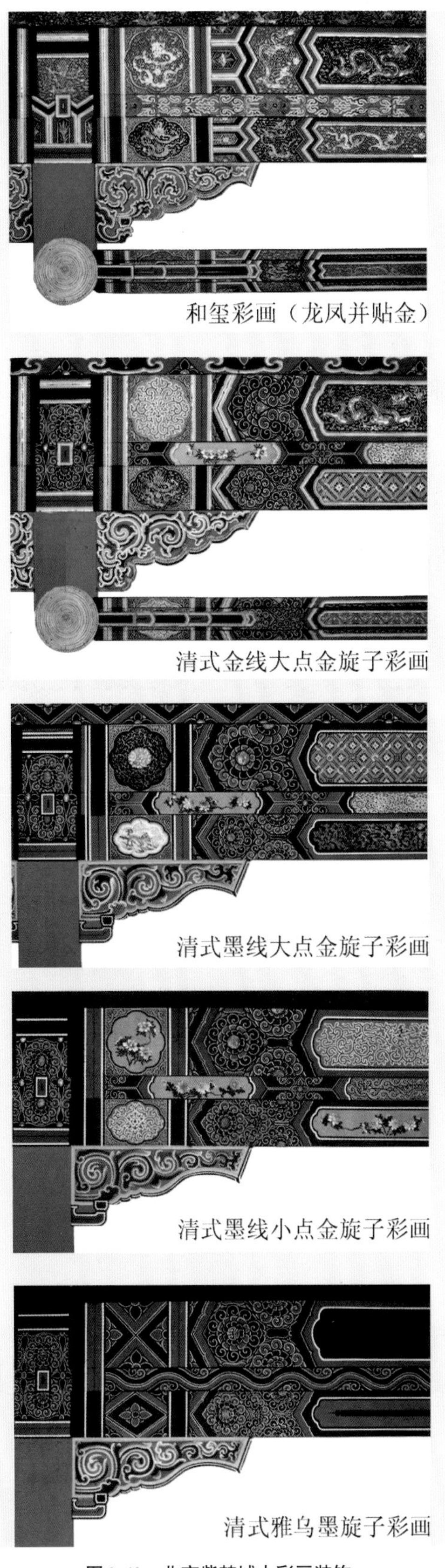


图6-42　北京紫禁城内彩画装饰

图6-43　北京天坛回音壁中殿的藻井彩绘

图6-44　南方民居彩绘雕饰

图6-45　浙江乌镇民居雕饰（清朝）

## 第四节　小结

元、明、清是古代中国建筑设计史上的顶峰，是中国传统建筑设计艺术的充实与总结阶段，中外建筑设计文化的交流融合得到了进一步的加强，在建材装修、园林设计、建筑群体组合、空间氛围的设计上都取得了显著的成就。元、明、清时期的建筑呈现出规模宏大、形体简练、细节繁复的设计形象。元朝建筑以大都为中心，其材料、结构、布局、装饰形式等基本沿袭了唐、宋以来的传统设计形制，部分地方继承辽、金的建筑特点，始创了明、清北京建筑的原始规模，因此在建筑设计史上普遍将元、明、清作为一个时期进行探讨。这一时期的建筑趋向程式化和装饰化，建筑的地方特色和多种民族风格在这个时期得到了充分的发展，建筑遗址留存至今，成为今天城市建筑的重要构成，对当代中国的城市生活和建筑设计活动产生了深远的影响（图 6-46、图 6-47）。

图6-46　山西王家大院远景（清朝）

图6-47　山西王家大院近景（清朝）

元、明、清时期建筑设计的最大成就表现在园林设计领域，明朝的江南私家园林和清朝的北方皇家园林都是最具设计艺术性的古代建筑群。中国历代都建有大量宫殿，但只有明、清时期的宫殿——北京故宫、沈阳故宫得以保存至今，成为中华文化的无价之宝。现存的古城市和南、北方民居也基本建于这一时期。明、清北京城，明南京城是明、清城市最杰出的代表。北京的四合院和江浙一带的民居则是中国民居最成功的范例。坛庙和帝王陵墓都是古代重要的建筑，目前北京依然较完整地保留了明、清两朝祭祀天地、社稷和帝王祖先的国家最高级别坛庙，其中最杰出的代表是北京天坛。明朝帝陵在继承前朝形制的基础上自成一格，而清朝基本上继承了明朝制度，明十三陵是明、清帝陵中最具代表性的艺术作品。元、明、清时期的单体建筑形式逐渐精炼化，设计符号性增强，不再采用生起、侧脚、卷杀，斗拱比例缩小，出檐深度减小，柱细长，梁枋沉重，屋顶的柔和线条消失，不同于唐、宋建筑的浪漫柔和，这一时期的建筑呈现出稳重严谨的设计风格。建筑组群采用院落重叠纵向扩展的设计形式，与左、右横向扩展配合，通过不同封闭空间的变化突出主体建筑。现存的佛教建筑多数为明、清两朝重建或新建，尚存数千座，遍及全国，其中的汉化寺院显示出两种不同的设计风格，一种是位于都市内的，特别是敕建的大寺院，多为典型的官式建筑，布局规范单一，总体规整对称，如北京的广济寺、山西太原的崇善寺等；另一种是位于山村的佛刹，多因地制宜，布局规整而富有变化，如分布于四大名山和天台、庐山等山区的一些佛寺。元、明、清时期，在藏族、蒙古族等少数民族分布的地区新建和重建了很多喇嘛寺，它们在不同程度上受到了汉族建筑设计风格的影响，设计极具特色（图 6-48）。

**图6-48　云南香格里拉的松赞林寺（清朝）**

## 思考题

1．试述社会发展状态对元、明、清建筑设计的影响。

2．试述元、明、清建筑设计对后世的影响。

3．谈谈故宫的布局，三大殿各有何特点?

4．谈谈明十三陵的独特之处及其意义。

5．北京妙应寺白塔有何特点?

6．与明朝相比，清朝继承并展开了一系列的建筑设计创新活动，主要体现在哪些方面?

# 第七章 中国近现代建筑

## 第一节 近现代建筑发展概况

### 一、近代建筑发展概况

19 世纪中期以后，中国的社会结构由封建社会逐步演变为半殖民地半封建社会。随着帝国主义的入侵和现代工业的发展，中国建筑设计转入近代时期，开始了近代化及现代化的进程。但在农业文明向工业文明过渡、城市近代化的过程中，中国近代建筑设计走过的道路十分曲折。中国的国门是被资本主义列强用炮舰和鸦片冲开的，中国的开放是被动的、受侵略式的，外来文化的侵略在方方面面对中国传统建筑设计体系造成了冲击。鸦片战争及英法联军的入侵，促使晚清政府推行洋务运动，使西方文化对中国的影响更加巨大。当时的洋务人士主要采取“中学为体、西学为用”的态度来面对西学。甲午战争以后，由于中国面临着国破家亡的命运，许多有识之士开始更加积极全面地向西方学习自然科学和社会科学知识，这对中国的建筑设计产生了非常广泛的影响。进入民国时期，知识分子因对政治不满，提出了全盘西化的主张，这一思想对中国的建筑设计产生了重大影响。在这一时期，外来资本主义列强通过各项不平等条约在中国设立租界、开辟通商口岸、圈占铁路附属地，以这些地区作为引发中国城市转型、建筑转型的外来因素，在很大程度上对中国近代化进程产生了殖民化影响，导致近代中国建筑设计的发展出现不平衡，呈现出新、旧两大建筑体系并存的局面。

### 二、现代建筑发展历程

中国现代建筑指的是从 1949 年中华人民共和国成立以后至今的建筑活动。其大致可分为四个阶段。

第一阶段是 1949 年中华人民共和国成立后，中国建筑进入了新的历史时期，大规模、有计划的国民经济建设推动了建筑业的蓬勃发展。中国建筑在数量、规模、类型、地区分布及现代化水平上都突破了近代的局限，展现出崭新的姿态。

这一时期的建筑，大都是国计民生急需的。从风格特点上看，可以分为 3 类：第一类注重民族形式，如 1954 年建成的重庆人民大会堂、北京友谊饭店等；第二类强调功能，形式趋于现代，如 1952 年建成的北京和平宾馆、北京儿童医院等；第三类借鉴苏联建筑形式，包括 1954 年建成的北京苏联展览馆和 1955 年建成的上海中苏友好大厦等。

第二阶段是 1958 年，为庆祝新中国成立 10 周年，国家决定在北京兴建人民大会堂、革命及历史博物馆、军事博物馆、农业展览馆、民族文化宫、北京火车站、工人体育场、钓鱼台国宾馆、华侨饭店、国家影剧院“十大建筑”。这些建筑都集中在北京，全面反映了我国当时建筑的高水平。

第三阶段是 1960—1976 年，我国遇到了严重的自然灾害。国民经济进入调整阶段，基建项目大大压缩。1966 年，“文化大革命”开始，建筑业和其他行业一样受到了严重的冲击。

第四阶段是 1978 年 12 月，党的十一届三中全会召开，国民经济得到恢复与发展，人民的生活也迅速提高到一个新的水平。思想的解放、需求的增加，使中国建筑很快进入了迅猛发展的阶段。自 20 世纪 80 年代以来，中国建筑逐步趋向开放、兼容，中国现代建筑开始向多元化发展。

## 第二节 近代建筑类型与建筑技术

### 一、近代建筑类型

19 世纪末 20 世纪初，传统的中国建筑设计活动相对懈怠，而欧美建筑逐渐在中国各通商口岸及租界开发了市场，一时欧式建筑盛行。国民政府定都南京后，于 1929 年年底制定公布了《首都计划》，由我国第一代从欧美留学归国的建筑师们设计建造民国建筑。这些建筑流派纷呈，造型独特，是特定历史时期中外建筑设计艺术的缩影，为中国乃至世界建筑设计史留下了极为珍贵的一笔财富。有建筑学家评论说：“南京地处南北之中，交通便利，形成南京文化兼容并包的特征，其建筑样式既有北方的端庄浑厚，又有南方的灵巧细腻。比较上海、天津、广州等城市民国建筑的‘西化’，南京民国建筑可谓参酌古今，兼容中外，融会南北，有南京文化的王家气度，堪称西风东渐特定历史时期中外建筑艺术的缩影，全国首屈一指，世界范围内亦有典型意义。”民国之都南京的建筑按照设计类型分，主要包括官式建筑、公馆别墅建筑及公共建筑三大类。民国时期，国民政府的中央行政机构由五院十八部六个委员会构成。这些由中央政府统一建造的行政类建筑规模宏大，是南京独有的，如位于中山东路 313 号的原中国国民党中央监察委员会、国民政府行政院（现解放军政治学院）、国民政府外交部大楼（现江苏省人大常委会办公大楼）等。达官贵人的官邸别墅也是南京民国建筑的设计特色之一，其中以山西路、颐和路一带尤为集中，共建房 1 700 处。这些洋房千姿百态，犹如万国建筑博物馆。还有纪念性建筑中的中山陵，公共建筑中的励志社（现钟山宾馆一号楼），文教建筑中的国立中央研究院（现中科院南京古生物研究所）、紫金山天文台、中山南路上的大华大戏院（原大华电影院）等，其中建于 1930—1931 年的国立中央大学大礼堂，直到现在还是东南大学的标志性建筑。银行建筑则有人们熟悉的新街口原交通银行。另外还有当年南京的最高建筑——7 层高的新街口福昌饭店、医院建筑中的民国政府中央医院（现南京军区总医院旧式楼房）等。此外，南京的民国建筑中也有一些建筑反映了中共革命斗争的历史，如梅园新村、梅庵、八路军驻京办事处、中央商场、和记洋行、中央军人监狱、首都监狱等，其中尤以中央军人监狱最具代表性，至今仍是爱国主义教育的正面教材。

总的说来，这一时期的建筑结构一般为砖混结构，即建筑物竖向承重结构的墙、壁柱等采用砖石砌筑，柱、梁、楼板、屋面板、桁架等采用钢筋混凝土结构，这种结构具有扩展建筑空间及降低建筑成本的优势，但同时由于砖混结构建筑为黏土砖承重，其使用年限不如以砖木结构体系为代表的中国传统建筑（图 7-1 ~ 图 7-3）。

图7-1 南京国民政府行政院（民国时期）

图7-2 南京中山陵（民国时期）

图7-3 南京邮政大楼（民国时期）

## 二、近代建筑技术

在建筑技术方面，建筑结构、构造、材料和施工技术等可作为建筑年代鉴定的考古类型学依据，更揭示了近代中国在建筑的科学和技术方面所取得的进步。

### 1. 建筑材料

整个建材工业在近代都处于风雨飘摇之中，生产能力很低，产量很不稳定，设备较差。近代我国建筑材料工业的基础十分薄弱。

我国近代早期新建筑材料大都由外国输入，国产的新建筑材料到 19 世纪末、20 世纪初才逐渐发展。水泥工业开始得稍早些，19 世纪末就已出现，近代若干种名牌水泥产品质量很好，细度、固性、凝结时间、拉张强度多超过英国标准。近代中国钢铁工业很不发达，所能轧制的建筑钢材很少，大型的建筑型钢多由国外进口。机制砖瓦在 20 世纪初期兴起，发展较快。1910 年前后，全国主要城市几乎都没有机器砖瓦工厂，以上海及其附近最为发达。到 1935 年前后，供上海各主要工程使用的国产砖瓦品种规格已相当齐全，国内绝大部分建筑所用砖瓦已全部是国产。另外，玻璃工业也有较普遍的发展。

### 2. 建筑结构

我国近代建筑的主体结构，大体上经历了砖（石）木混合结构、砖（石）钢筋（钢骨）混凝土混合结构、钢和钢筋混凝土框架结构三个发展阶段。但由于近代中国社会生产力低下，近代建筑发展受到很大局限，结构科学也得不到进一步的发展。

### 3. 建筑施工

中国传统的施工机构是各种专业件的“作”；从 19 世纪 60 年代开始，为适应租界建造西式建筑的需要，一批西方营造机构陆续进入上海，近代先进的施工技术和投标制、承包制等经营方式、管理制度随之传入中国。

总的看来，近代建筑技术在材料品种、结构计算、施工技术、设备水平等方面，相对于封建社会的技术水平，有重大的突破和发展，但在半殖民地半封建社会条件下，并没有得到正常的发展。

### 三、现代建筑类型与建筑技术

20 世纪中期以来，我国建筑设计进入现代化发展时期。我国现代建筑设计在建筑的空间、造型、材料、装饰及营造方式等方面都不同于以往盛行的传统建筑形式。现代建筑是在欧洲现代建筑设计运动的影响下，在我国特定社会背景及地区环境下产生的新型建筑设计形式，众多因素的综合作用导致这一时期的我国现代建筑从形式及设计思想上均具有不同的类型，大致可以分为新传统建筑、折中式建筑与世界建筑等设计类型。新传统建筑是指建筑基本承袭传统形制与构造法则，但材料与空间造型等方面适应现代需求；折中式建筑是指造型、材料等吸收国内外建筑的主要设计特点，在外观上不同于我国传统的建筑；世界建筑则是指受世界现代建筑思潮的影响，基本脱离我国传统的建筑形制，参考世界其他国家的现代建筑设计理念进行设计。从复古风格到现代主义，建筑设计形式风格的变化并不是突变和跳跃式的，从时序上说，现代建筑的大多数作品处于中间过渡状态，说明这一时期的我国现代建筑仍然处于萌芽及先锋开拓时期，而处于中间状态的现代建筑经过充分调整和发展之后，已成为我国早期现代作品的主体。另外，建筑结构形式也逐渐步入现代化。改革开放之前，砖木结构、砖混结构一直是我国房屋建筑的主体，砖瓦在房屋建筑和房屋造价中占据非常重要的地位和比重。改革开放以后，各种新的建筑设计体系应运而生，现代建筑出现钢结构、框架结构、框架轻板材结构并大量采用现浇、筒体、剪力墙和复合墙体，如今更是提倡节能环保型智能建筑。

## 第三节 中国近现代建筑实例

近代中国的建筑形式和建筑思想十分复杂，既有延续下来的旧建筑体系，又有输入和引进的新建筑体系；既有形形色色的西方风格的洋式建筑，又有为新建筑探索“中国固有形式”的“传统复兴”；既有西方近代折中主义建筑的广泛分布，也有西方“新建筑运动”和“现代主义建筑”的初步展露；既有世界建筑潮流制约下的外籍建筑师的思潮影响，也有在中西文化碰撞中的中国建筑师的设计探索。

### 一、洋式的折中主义形式

洋式建筑的被动输入是在资本主义列强侵略的背景下展开的，主要出现在外国租界、租借地、附属地、通口岸、使馆区等被动开放的特定地段，比如外国大使馆、工部局、洋行、银行、饭店、商店、火车站、俱乐部、花园住宅、工业厂房，以及各教派的教堂和教会等建筑。这些统称为“洋房”的庞大新类型建筑在输入新功能、新技术的同时，也带来了洋式建筑风貌。这类建筑最初由非专业的外国匠商营造，后来多由外国专业建筑师设计，它们是近代中国洋式建筑的一大组成部分。

主动引进的洋式建筑，指的是中国业主兴建的或中国建筑师设计的“洋房”，早期主要出现在洋务运动、清末“新政”和军阀政权所建造的建筑上，如北京的陆军部、海军部、总理衙门、大理院、参谋本部、国会众议院，以及湖南、湖北等省的谘议局等。这些机构本身就学习了西方资产阶级民主的形制，因此建筑大多仿用国外行政、会堂建筑常见的西方古典式外貌。典型建筑如图 7–4 和图 7–5 所示。

图7–4　上海汇丰银行

图7–5　天津劝业场

## 二、中国传统复兴主义形式

在中外建筑文化碰撞的形势下，中国近代出现了各种形态的中西交汇建筑形式，其总体来说可以概括为两大类：一类是中国传统的旧体系建筑的“洋化”；另一类是外来的新体系建筑的“本土化”。前者主要出现在沿海侨乡的住宅、祠堂和遍布各地的“洋式店面”等民间建筑中，大多数是由民间匠师自发形成的，大体上停留于在传统建筑的基本格局中生硬地掺入西式的门面、柱式和细部装饰。后者则是中国近代新建筑“中国固有形式”的传统复兴潮流。这股潮流先由外国建筑师发端，后由中国建筑师引向高潮。

这些传统复兴建筑在“中国式”的处理上差别很大。当时，针对这些建筑的不同形式，人们大体上把它们概括为三种设计模式：第一种是被视为仿古做法的“宫殿式”；第二种是被视为折中做法的“混合式”；第三种是被视为新潮做法的“以装饰为特征的现代式”。典型建筑如图 7-6 和图 7-7 所示。

图7-7　南京中山陵

## 三、西方现代主义形式

19 世纪下半叶，欧洲兴起了探求新建筑运动，19 世纪 80—90 年代相继出现新艺术运动和青年风格派等探求新建筑的学派。这些新学派力图跳出学院派折衷主义的窠臼，摆脱传统形式的束缚，使建筑走向现代化。这场运动传遍欧洲，并影响到美国，也渗透到了近代中国。20 世纪初，在哈尔滨、青岛、上海等城市，开始出现了一批新艺术运动和少量青年风格派的建筑。典型建筑如图 7-8 和图 7-9 所示。

图7-6　国民党中央党史史料陈列馆

图7-8　上海沙逊大厦

图7-9　上海国际饭店

## 四、复古主义的探索与研究

复古主义创作中也有探索，但步伐小，不少人不断地进行探索，既有针对特定的环境的探索，也有在设计理念上的探索。

北京和平饭店（图 7-10）于 1952 年建成，由杨廷宝设计。其为钢筋混凝土框架结构，建筑面积为 8 500 $m^2$。这是在当时大屋顶盛行的情况下，坚持采用现代形式的建筑。整个建筑设计周密、功能分区合理，巧妙利用空间，并保留了古树，是杨廷宝的代表作之一。此方案由于熟练采用了现代建筑的设计手法，被誉为“中国当代建筑设计的里程碑”。

## 五、与政治相关的建筑作品

20 世纪 50 年代以后的建筑作品，没有几处能摆脱政治因素的影响。例如，建国十周年国庆工程十大建筑是当时兴建的一系列大型项目。这类建筑有两个明显的特点：一是在立意上突出表现新中国成立的伟大意义，具有明显的纪念性；二是在形式上借鉴传统的设计方法，具有明显的民族性。典型建筑如图 7-11 和图 7-12 所示。

图7-10　北京和平饭店

图7-11　人民大会堂

图7-12　民族文化宫

## 六、改革开放时期的作品与潮流

（1）北京香山饭店（图7-13）。其建于1982年，建筑吸收了中国园林建筑的特点。其对轴线、空间序列及庭园的处理，都显示了美籍华人建筑师贝聿铭良好的中国古典建筑修养。贝聿铭说，他要帮助中国建筑师寻找一条传统与现代相结合的道路。在色彩上，他采用的不是迂腐的宫殿和寺庙的红墙黄瓦，而是寻常人家的白墙灰瓦。他说建筑必须源于人们的住宅，他相信这绝不是过去的遗迹，而是现实的存在。

（2）香港汇丰银行（图7-14）。第四代香港汇丰银行总行大厦由英国著名建筑师诺曼·福斯特设计，建于1981年，建筑重点是"衣架计划"的设计方案。整个地上建筑用4个构架支撑，每个构架包含两根桅杆，分别在5个楼层支撑悬吊式桁架。桁架所形成的双高度空间，成为每一群楼层的焦点，同时还包含了流通和社交的空间。每根桅杆由4根钢管组合而成，在每层楼使用矩形托梁相互连接。这种布局使桅杆达到了最大承载力，同时把桅杆的平面面积降到最小。

图7-13　北京香山饭店

图7-14　香港汇丰银行

## 七、现代的作品与潮流

（1）中央电视台新址（图7-15）。中央电视台新址地处东三环路以东、光华路以北、朝阳路以南，CBD规划范围内。中央电视台新址用地面积总计18.7万$m^2$，总建筑面积约为55万$m^2$，建筑最高约为230 m，工程建设总投资约为50亿元人民币。采用了荷兰大都会建筑事务所（OMA）的设计方案。专家评委认为，这一方案不仅能竖立中央电视台的标志性形象，也将翻开中国建筑史新的一页。

图7-15　中央电视台新址

（2）国家大剧院（图7-16）。其建于1998年4月，由法国建筑师保罗·安德鲁主持设计。它是国家兴建的重要文化设施，也是一处别具特色的景观胜地。作为"新北京十六景"之一的地标性建筑，国家大剧院的主体结构造型独特，一池清澈见底的湖水，以及外围大面积的绿地、树木和花卉，不仅极大改善了周围地区的生态环境，更体现了人与人、人与艺术、人与自然和谐共融、相得益彰的理念。

图7-16　国家大剧院

（3）上海金茂大厦（图 7-17）。其又称金茂大楼，竣工于 1999 年，曾经是中国大陆最高的大楼，位于上海浦东新区黄浦江畔的陆家嘴金融贸易区，楼高 420.5 m，目前是上海第 3 高的摩天大楼，截至 2013 年是中国大陆高度排名第 17 的大楼。金茂大厦毗邻上海地标性建筑物东方明珠、上海环球金融中心和上海中心大厦，与浦西的外滩隔岸相对，是上海最著名的景点以及地标之一。

图7-17　上海金茂大厦

（4）苏州博物馆（图 7-18）。苏州博物馆是地方历史艺术性博物馆，2006 年 10 月建成新馆，设计者为著名的美籍华人建筑师贝聿铭。其位于苏州市东北街。在整体布局上，新馆巧妙地借助水面，与紧邻的拙政园、忠王府融会贯通。这种以中轴线对称的东、中、西三路布局，和东侧的忠王府格局相互映衬，十分和谐。新馆与原有拙政园的建筑环境浑然一体，相互借景、相互辉映，符合历史建筑环境要求，又有其本身的独立性，以中轴线及园林、庭院空间将两者结合起来，在空间布局上恰到好处。

图7-18　苏州博物馆

（5）中国馆（图 7-19）。其建于 2010 年 2 月，由我国著名建筑师何镜堂设计。何镜堂是岭南建筑界的旗帜性人物，被称为“中国馆之父”。中国馆建筑外观以“东方之冠”的构思主题，表达了中国文化的精神与气质。它包括国家馆、地区馆两个部分。国家馆居中升起、层叠出挑，成为凝聚中国元素、象征中国精神的造型主体——东方之冠；地区馆水平展开，以舒展的平台基座的形态映衬国家馆，成为开放、柔性、亲民、层次丰富的城市广场。二者互相补充，共同组成了表达盛世大国主题的统一整体。国家馆、地区馆功能上下分区、造型主从配合，空间以南北向主轴统领，形成了壮观的城市空间序列，是独一无二的标志性建筑群体。

图7-19　中国馆

（6）国家体育场——鸟巢（图 7-20）。其建于 2003 年 12 月，于 2008 年 3 月完工。设计者为赫尔佐格和德梅隆、中国建筑设计研究院。国家体育场坐落在奥林匹克公园中央区平缓的坡地上，场馆设计如同一个大的容器，高低起伏变化的外观缓和了建筑的体量感，并赋予其戏剧性和具有震撼力的形体。国家体育场的形象完美纯净，外观即建筑的结构，立面与结构达到了完美的统一。结构的组件相互支撑，形成了网络状的构架，就像用树枝编织的鸟巢。

图7–20 鸟巢

2014 年 4 月，中国当代十大建筑评审委员会从中国 1 000 多座地标建筑中，综合年代、规模、艺术性和影响力 4 项指标，评选出当代十大建筑。国家体育场即入围建筑之一。

## 第四节 小结

19 世纪末至 20 世纪初是近代中国建筑设计的转型时期，也是中国建筑设计发展史上的一个承上启下、中西交汇、新旧接替的过渡时期，既有新城区、新建筑的急速转型，又有旧乡土建筑的矜持保守；既交织着中西建筑设计文化的碰撞，也经历了近现代建筑的历史承接，有着错综复杂的时空关联。半封建半殖民地的社会性质决定了清末民国时期对待外来文化采取了包容与吸收的建筑设计态度，使部分建筑出现了中西合璧的设计形象，园林里也常有西洋门面、西洋栏杆、西式纹样等，这一时期成为我国建筑设计演进过程的一个重要阶段。其发展历程经历了产生、转型、鼎盛、停滞、恢复 5 个阶段，主要建筑风格有折衷主义、古典主义、近代中国宫殿式、新民族形式、现代派以及中国传统民族形式 6 种，从中可以看出晚清民国建筑设计经历了由照搬照抄到西学中用的发展过程，其构件结构与风格形式既体现了近代以来西方建筑风格对中国的影响，又保持了中国民族传统的建筑特色。

中西方建筑设计技术、风格的融合，在南京的民国建筑中表现最为明显，它全面展现了中国传统建筑向现代建筑的演变，在中国建筑设计发展史上具有重要的意义。时至今日，南京的大部分民国建筑依然保存完好，构成了南京有别于其他城市的独特风貌，南京也因此被形象地称为“民国建筑的大本营”。另外，由外国输入的建筑及散布于城乡的教会建筑发展而来的居住建筑、公共建筑、工业建筑的主要类型已大体齐备，相关建筑工业体系也已初步建立。大量早期留洋学习建筑的中国学生回国，带来了西方现代建筑思想，创办了中国最早的建筑事务所及建筑教育机构。刚刚登上设计舞台的中国建筑师，一方面探索着西方建筑与中国建筑固有形式的结合，并试图在中西建筑文化的有效碰撞中寻找适宜的融合点；另一方面又面临着走向现代主义的时代挑战，这些都要求中国建筑师能够紧跟先进的建筑潮流。

1949 年中华人民共和国成立后，外国资本主义经济的在华势力消亡，逐渐形成了社会主义国营经济，大规模的国民经济建设推动了建筑业的蓬勃发展，我国建筑设计进入了新的历史时期。我国现代建筑在数量上、规模上、类型上、地区分布上、现代化水平上都突破了近代的局限，展示出崭新的姿态。时至今日，中国传统式与西方现代式两种设计思潮的碰撞与交融在中国建筑设计的发展进程中仍在继续，将民族风格和现代元素相结合的设计作品也越来越多，有复兴传统式的建筑，即保持传统与地方建筑的基本构筑形式，并加以简化处理，突出其文化特色与形式特征；有发展传统式的建筑，其设计手法更加讲究传统或地方的符号性和象征性，在结构形式上不一定遵循传统方式；也有扩展传统式的建筑，就是将传统形式从功能上扩展为现代用途，如我国建筑师吴良镛设计的北京菊儿胡同住宅群，就是结合了北京传统四合院的构造特征，并进行重叠、反复、延伸处理，使其功能和内容更符合现代生活的需要；还有重新诠释传统式的建筑，它是指仅将传统符号或色彩作为标志以强调建筑的文脉，类似于后现代主义的某些设计手法。总而言之，我国的建筑设计曾经灿烂辉煌，或许在将来的某一天能够重新焕发光彩，成为世界建筑设计思潮的另一种选择。

## 思考题

1. 简要概括近代建筑发展概况。
2. 中国现代建筑的发展大致可分为哪几个阶段？
3. 试分析近代建筑的结构特点。
4. 为什么说近代建筑技术在材料品种、结构计算、施工技术、设备水平等方面，相对于封建社会的技术水平有重大的突破和发展？
5. 针对传统复兴建筑的不同形式，人们大体上把它概括为哪几种设计模式？

民国之都：南京

首都的十大建筑

# 第二篇　外国建筑史

# 第八章　外国古代建筑

## 第一节　古埃及建筑

埃及是世界上最古老的国家之一，埃及的领土包括上、下埃及两部分。上埃及位于尼罗河中游的峡谷，下埃及位于河口三角洲。大约在公元前3000年左右，埃及成为统一的奴隶制帝国，形成了中央集权的皇帝专制制度，出现了强大的祭司阶层，也产生了人类第一批以宫殿、陵墓及庙宇为主体的巨大的纪念性建筑物。

古代埃及建筑的发展可按国家的历史分为四个时期：古王国时期（第三至六王朝，约公元前3200—前2130年）、中王国时期(第十至十七王朝，公元前2130—前1580年）、新王国时期（第十八至三十王朝，公元前1580—前332年）和晚期王国（希腊化时期和罗马化时期，公元前332—前30年)。

### 一、金字塔

古王国时期（公元前27—前22世纪）的主要劳动力是氏族公社成员，庞大的金字塔就是他们建造的。这一时期的建筑物反映着原始的拜物教，纪念性建筑物是单纯而开阔的。

由于埃及地处狭长山谷中的冲积平原，其建筑从一开始就是砖石混用的，而类似法老陵墓等重要建筑则是较多采用石头建造的，当时的埃及已经开始采取就地取材、控制形状、现场加工、统一部署的设计方式，将几百万块巨石堆积得严丝合缝。这一时期的代表性建筑就是陵墓，最初是略有收分的长方形台状，称为马斯塔巴，坟墓多用泥石建造，呈梯形六面体状，设地下墓穴和地上祭堂两部分。

进入古王国时期后，埃及开始使用金字塔取代马斯塔巴作为墓葬形式，并逐渐发展成阶梯形金字塔，这就是金字塔的设计雏形，开创了以后金字塔建筑设计的典范。萨卡拉金字塔是埃及现有金字塔中年代最早的，也是世界上最早使用石块修建的陵墓，该金字塔呈6层阶梯塔状，高约60 m，附近还分布着许多贵族和大臣的陵墓，其中设计有大量精美的浮雕壁画，栩栩如生地描绘了古代埃及人工作和生活的情景；后又历经上部倾斜度相对缓和的曲折形状，演变成斜坡更为平缓的大方锥形金字塔，大金字塔的出现显示了升天阶梯的意识转变成重视阳光的过程（图8-1）。在所有的金字塔中，规模最大、保存最完好的是位于开罗附近的吉萨金字塔群，又称吉萨陵墓区，是埃及的历史遗迹，拥有胡夫、哈夫拉、孟卡乌拉三座大金字塔（图8-2、图8-3）。其中胡夫金字塔最大，它是一座几乎实心的巨石体，用200多万块巨石砌成，主要由临河的下庙、神道、上庙（祭祀厅堂）与方锥形塔墓组成，底部四边几乎是正北、正南、正东、正西，误差小于1度，通过甬道进入中心墓室，墓室顶上分层架有几块几十吨重的大石块。在哈夫拉金字塔祭祀厅堂的门厅旁边，有一座高约 20 m、长约 46 m 的狮身人面像，大部分就原地的岩石凿出。总的来说，古王国时期的古埃及建筑师们用庞大的规模、简洁沉稳的几何形体、明确的对称轴线和纵深的空间布局体使金字塔展现出了雄伟、庄严、神秘的艺术特征。

图8-1　古埃及萨卡拉金字塔

图8-2　古埃及吉萨金字塔群

图8-3　古埃及胡夫金字塔

## 二、陵墓

中王国时期，手工业和商业发展了起来，首都迁至上埃及的底比斯。由于底比斯所在地区峡谷深窄、悬崖峻峭，在山岩上开凿石窟陵墓的建筑形式开始盛行，陵墓建筑采用梁柱结构构成比较宽敞的内部空间，以建于公元前 2000 年前后的曼都赫特普三世陵墓（图 8-4）为典型代表，开创了陵墓建筑群设计的新形制。进入墓区大门，经过一条长约 1 200 m、两侧密排设立狮身人面像的石板路，到达大广场，沿坡道登上平台，台中央有小金字塔，台座三面壁前镶有柱廊，后面为一院落，四周环绕柱廊，向后进入一座有 80 根柱子的大厅，由此进入凿在山岩里的小神堂。壁立的山岩高达 100 m，与陵墓的几层柱廊之间形成强烈的光影虚实对比，极大地增强了陵墓雄伟壮观的效果。整个建筑群沿纵轴线严正布置、庄严对称，雕像和建筑物、院落和大厅呈纵深序列布置，体现了一种浑朴、粗犷的皇威与气势。

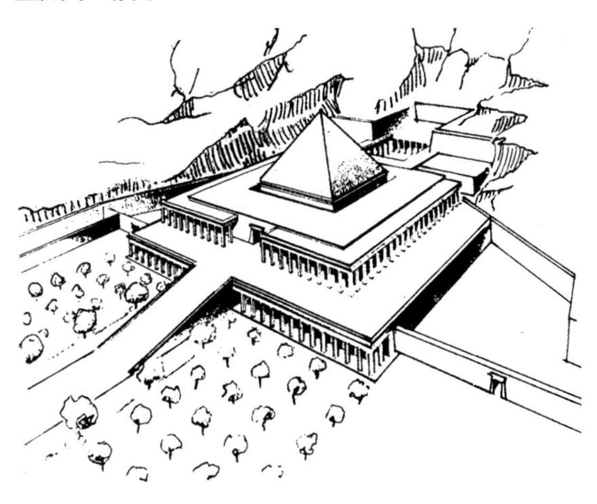

图8-4　曼都赫特普三世陵墓

## 三、神庙

古埃及人由于崇奉太阳神“拉”和地方神“阿蒙”，所以各地为“拉”和“阿蒙”建造了许多神庙。神庙主要由围有柱廊的内庭院、接受臣民朝拜的大柱厅，以及只许法老和僧侣进入的神堂密室三部分组成。其中规模最大的是卡纳克和卢克索的阿蒙神庙。神庙的建筑艺术重点已从外部形象转到内部空间，风格从雄伟阔大而概括的纪念性转到神秘性与压抑感。

阿蒙神庙（图 8-5 ~ 图 8-7）位于卢克索镇北 4 km 处，是卡尔纳克神庙的主体部分。阿蒙神庙纵深 366 m，设有 6 道牌楼门，第一道最大，高 43.5 m，宽 113 m，规模最大的石柱大厅总面积达 5 000 $km^2$，厅内密排 134 根巨型圆柱，中间最高的 12 根圆柱高达 21 m，直径为 3.57 m，据说每根柱顶上可以容纳百余人，两侧圆柱高 12.8 m，直径为 2.74 m，圆柱直径大于柱间净空，以此造成强烈的压抑感。庙内柱壁和墙垣上都刻有精美的浮雕和鲜艳的彩绘，记载着古埃及的神话传说和当时人们的日常生活，高低柱间高侧窗的细碎光点散落在柱壁、墙垣和地面上，渲染了大厅虚幻、神秘的气氛。此外，庙内还有闻名遐迩的方尖碑（图 8-8），碑面刻满象形文字以记录埃及法老的功绩，碑的截面呈方形，上细下粗，顶上是金字塔形尖端。所有的方尖碑都是采用整块花岗岩雕成的，有的高达 50 余米，与金字塔一起堪称世界建筑设计史上的奇观。

图8-5　古埃及阿蒙神庙法老雕像

图8-6　古埃及阿蒙神庙巨型圆柱

图8-7　古埃及阿蒙神庙内壁画

图8-8　古埃及方尖碑

## 第二节 两河流域及波斯帝国建筑

两河流域地处亚非欧三大洲的衔接处，位于底格里斯河和幼发拉底河中下游，通常被称为西亚美索不达米亚平原（希腊语意为“两河之间的土地”，今伊拉克地区），是古代人类文明的重要发源地之一。公元前3500年—前4世纪，在这里曾经建立过许多国家，依次建立的奴隶制国家为古巴比伦王国（公元前19一前16世纪）、亚述帝国（公元前8—前7世纪）、新巴比伦王国（公元前626—前539年）和波斯帝国（公元前6—前4世纪）。

### 一、土坯建筑

两河流域的建筑成就在于创造了将基本原料用于建筑的结构体系和装饰方法。两河流域气候炎热多雨，盛产黏土，缺乏木材和石材，故从夯土墙开始，至土坯砖、烧砖的筑墙技术，并以沥青、陶钉石板贴面及琉璃砖保护墙面，使材料、结构、构造与造型有机结合，创造以土作为基本材料的结构体系和墙体饰面装饰办法，对后来的拜占庭建筑和伊斯兰建筑影响很大。

乌尔的观象台（图8-9、图8-10）又称山岳台，是古代西亚人崇拜山岳、崇拜天体、观测星象的塔式建筑物。山岳台是一种多层的高台，有坡道或者阶梯逐层通达台顶，顶上有一间不大的神堂。坡道或阶梯有正对着高台立面的，有沿正面左右分开上去的，也有螺旋式的。古埃及的台阶形金字塔或许同它有联系。

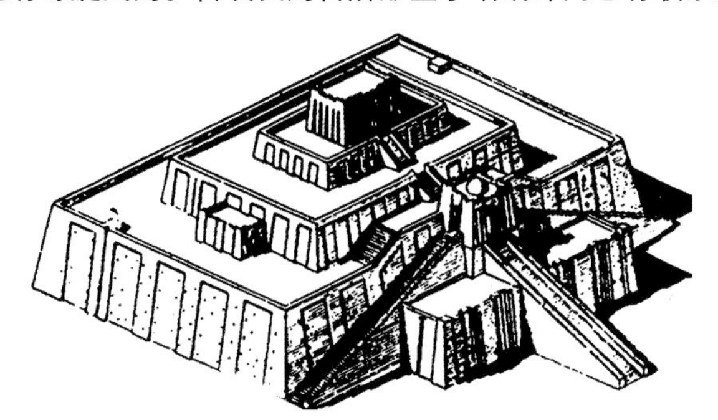

图8-9 乌尔的观象台（模型）

图8-10 乌尔的观象台

### 二、萨艮王宫

亚述文明起源于公元前3000年，广泛吸收了古代西亚各民族文化，尤其是巴比伦文化，建造了饰有大量浮雕的大型宫殿和神庙，其中最重要的建筑遗迹就是萨艮王宫（图8-11）。其城市平面呈方形，每边长约2 km，城墙厚约50 m，高约20 m，上设有可供四马战车奔驰的大坡道，还有碉堡和各种防御性门楼。宫殿与观象台都建在一座高为118 m、边长为300 m的方形土台上，平台的下面砌有拱券沟渠，宫殿正面的一对塔楼突出了中央的拱券形入口，亚述建筑中拱的发明对后世建筑产生了极为深远的影响。从地面可通过宽阔的坡道和台阶到达宫门。宫殿由30多个内院组成，功能分区明确，内设200余间房屋，宫殿墙面贴满彩色的琉璃面砖，并雕刻有正侧面形象完整、具有五条腿的人首翼牛图像（图8-12）。它们的构思，不受雕刻体裁的束缚，把圆雕和浮雕结合起来，象征睿智和健壮，是两河流域最有特色的建筑装饰雕刻。

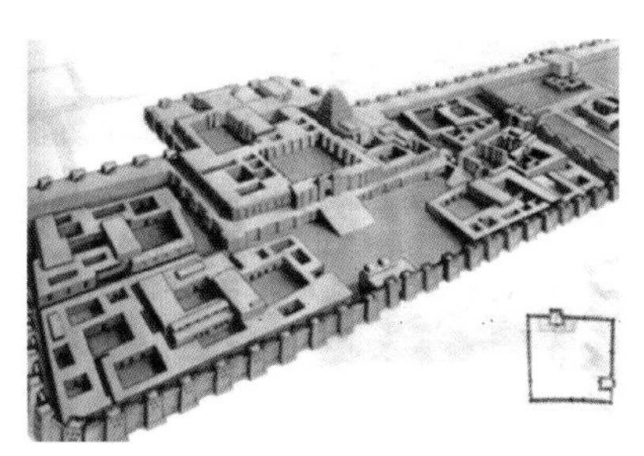

图8-11 萨艮王宫

图8-12 两河流域亚述王萨艮二世宫殿前的人首翼牛图像

## 三、空中花园

随着对外商贸的发展和广泛的民族交流，两河流域各民族文化不断融合传承，促使巴比伦人成就了世界七大奇迹之一的“空中花园”（阿拉伯语意为“悬挂的天堂”）（图 8-13）。空中花园的设计为立体结构，共 7 层，高 25 m，基层由石块铺成，每层用石柱支撑，层层都有奇花异草，园中有小溪流淌，溪水源自幼发拉底河。再如，新巴比伦城北的伊什塔尔城门是仅有的一座用鲜艳青砖砌筑，并饰有龙、狮子和公牛等浮雕图案的城门。

图8-13　古巴比伦空中花园示意

## 四、波斯波利斯宫殿

当两河流域文明进程不断发展的时候，波斯人开始孕育古代西亚历史上的另一段传奇。通过数十年的征伐，波斯人开创了一个横跨亚非洲的大帝国，版图包括小亚细亚、两河流域、巴勒斯坦、埃及、伊朗高原及中亚的广大地区，为经济发展和民族交融创造了有利条件。波斯建筑继承了两河流域的设计传统，广泛汲取了埃及、希腊各民族的设计成就，如建于公元前 518 年—前 460 年的波斯帝国新都波斯波利斯，城内建筑石柱柱身上垂直的凹槽，柱头和柱底精美的雕饰，大量装饰鲜艳的涂饰，精致的瓦片以及采用纯金纯银、象牙和大理石装饰的华美宫殿，无不体现了古代波斯建筑与古希腊、古埃及设计艺术的交融。波斯波利斯宫殿建在依山筑起的平台上，台高约 15 m，长 460 m，宽 275 m，北部为两座仪典大殿，东南为财库，西南为王宫和后宫，周围设有花园和凉亭，建筑群体布局规整，但整体无轴线对称关系。宫殿主要采用伊朗高原的硬质彩色石灰石建造，正面入口前有大平台和大台阶，台阶两侧墙面刻有浮雕群像，象征八方来朝的行列，顺延大台阶的外形逐层向上，与宫殿建筑的设计形式协调统一。两座仪典大殿平面都呈正方形，建筑结构为石柱与木梁枋相结合，构建轻盈、空间宽畅，这在古代建筑中是相当罕见的。宫殿外墙贴饰琉璃面砖或黑、白两色大理石，并在表面雕饰彩色浮雕，木枋与檐部贴饰金箔，大厅内墙面满饰壁画。石柱的雕饰也极为精致，覆钟形柱础雕刻花瓣纹，柱身刻有 40 ~ 48 条凹槽，柱头由覆钟、仰钵、几对竖立的涡卷和一对相背跪立的雄牛雕像组成。曾有这样一种说法，“柱顶的石雕动物曾经傲视寰宇，它曾是世界上最壮丽的石头宫殿，见证了古代波斯的盛大仪式”，形象地描述了当时波斯帝国的气势与风采。总的来说，整个波斯波利斯古城巧妙地利用波斯固有的地形，依山造势，体现了波斯自然地理形貌与人类设计艺术的完美融合（图 8-14 ~图 8-16）。

图8-14　古代波斯帝国都城波斯波利斯遗址入口

图8-15　古代波斯帝国都城波斯波利斯遗址

图8-16　古代波斯帝国都城波斯波利斯墙面浮雕

## 第三节　爱琴文明时期的建筑

爱琴文明是公元前 20 世纪—前 12 世纪存在于地中海东部的爱琴海岛、希腊半岛及小亚细亚西部的欧洲史前文明的总称，也曾被称为迈锡尼文明。爱琴文明发祥于克里特岛，是古希腊文明的开端，也是西方文明的源头，其中宫室建筑及绘画艺术十分发达，是世界古代文明的一个重要代表。

### 一、克里特岛

克里特岛的建筑全是世俗性的，主要的类型有住宅、宫殿、别墅、旅社、公共浴室和作坊等。遗址中比较重要的有克诺索期和费斯特的宫殿，占地都在 10 000 $m^2$ 左右。米诺斯文明是出现于迈锡尼文明之前的青铜时代，这一时期的建筑设计风格是倾向于世俗化的，建筑依山而建，空间层次高低错落，视觉感受精巧纤丽、开敞通透、色彩丰富。

克诺索斯的米诺王宫（图 8-17）始建于公元前 1600 年—公元前 1500 年，依山而建，规模很大。王宫建筑总体呈方形，面积达 2.2 万 $m^2$。南北各设主门，东西则设较小的入口处。中央为南北 60 m、东西 30 m 的长方形中庭，四周有各种建筑物。东侧用于国王的生活起居，包括正殿（双斧殿，双斧是米诺斯王的象征）、王后寝宫、接待厅等 4 层或 5 层楼房；西侧主要用于祭祀，包括神龛圣坛、祭仪大厅、库房等 3 层楼房；南北两侧有宫廷大臣的宅邸和露天剧场等。中庭东部和西部各有楼梯连接东、西两部各层，楼道与各层通道形成柱廊。宫殿西北有世界上最早的露天剧场。

米诺斯的城市道路是使用经铜锯切割的石子铺设而成的，并设计有排水系统，上层社会享受黏土制成的下水道设施。米诺斯的城市建筑设计特点通常为平的瓦片屋顶，灰泥、木质或大石板地面，石块和碎砾石矮墙，在天花板上设计横木以支撑屋顶，并使用泥砖将建筑堆砌至 2 ~ 3 层楼高。

图8-17　克诺索斯的米诺王宫

### 二、迈锡尼

迈锡尼文明略晚于米诺斯文明，其主要建筑代表是城市中心的卫城，建筑设计风格粗犷。根据迈锡尼遗址及发现的文献记载推测，出于领土的军事控制及防御需要，迈锡尼的城墙通常由宽达 8 m 的巨石块堆砌而成，或者使用碎石块一块镶嵌另一块层层搭高，并在城内配备水箱或水井。迈锡尼城内的王宫建筑也继承了米诺斯宫殿的设计手法，同时也是青铜时代中期希腊大陆上其他民居建筑的传承。迈锡尼早期的王宫设计为一个中央方形院落群体布局形式，四周环绕仓库、作坊、货品收发处及居住空间等大小不同的房间，互相之间以复杂的迷宫式通路连接。王宫的心脏是安置王位的主殿，中心由四根立柱环绕，整个建筑似乎只有一层，室内家具和壁画都异常精美。可能因为受到地理因素的制约，迈锡尼又设计了一种王宫布局形式，主要房间为独立存在的正殿形式，设有走廊将正殿与其他房间隔离，可以从短边的一个门厅进入正殿，门厅中央设有由立柱环绕的壁炉，并可以直接通向天空，这种形式不存在共享的中央院落，其余居室各自组合形成不同的独立区间。另外，迈锡尼遗址通常还包含不同类型的民居，最小的是边长为 5 ~ 20 m 的直方形住宅，为社会最底层人口居住，更高等级住宅的边长为 20 ~ 35 m，设计有几个房间，甚至设有一个中央院落，空间安排类似于宫殿模式，建筑装饰设计也相对精美，但由于邻近王宫，至今还无法完全肯定这种建筑是否为迈锡尼贵族的居住场所，或者为宫殿建筑的延伸。

爱琴文明时期的建筑装饰达到了西方古代艺术的高峰，直到公元前 6 世纪都未被超越。爱琴柱式中柱头和柱身所体现出的丰富变化可以从大英博物馆所收藏的“阿特柔斯珍宝”中窥见一斑，檐壁艺术则有米诺斯和迈锡尼的残片作为见证，因此可以说，爱琴文明的建筑艺术成就在其鼎盛时期绝不亚于同时代的任何艺术。

## 第四节 古希腊建筑

古希腊建筑设计经历了三个主要发展时期：公元前 8 世纪—前 6 世纪，纪念性建筑形成的古风时期；公元前 5 世纪，纪念性建筑成熟、古希腊本土建筑繁荣昌盛的古典时期；公元前 4 世纪—前 1 世纪，古希腊文化广泛传播到西亚北非地区并与当地传统相融合的希腊化时期。

### 一、古希腊柱式

古希腊建筑除屋架外全部使用石材设计建造，柱子、额枋、檐部的设计手法基本确定了古希腊建筑的外貌，通过长期的推敲改进，古代希腊人设计了一整套做法，定型了多立克、爱奥尼克、科林斯三种主要柱式，如图 8-18 所示。

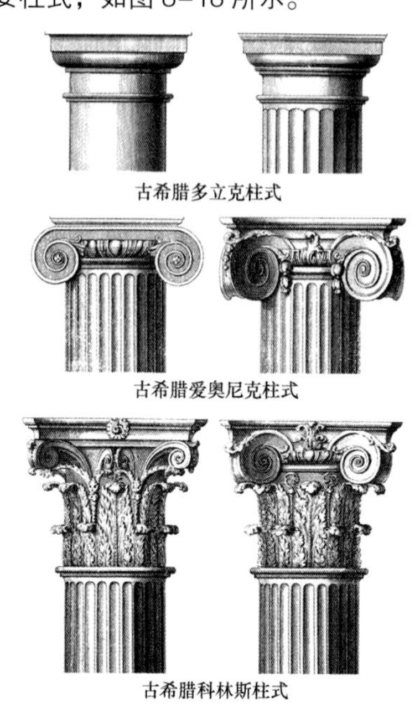


**图8-18　古希腊柱式示意**

（a）古希腊多立克柱式；（b）古希腊爱奥尼克柱式；（c）古希腊科林斯柱式

#### 1．多立克柱式

多立克柱式起源于意大利、西西里一带，后在希腊各地的神殿中使用，其设计特点是比例较粗壮，开间较小，柱头为简洁的倒圆锥台，柱身收分，有尖棱角的凹槽，卷杀较明显，没有柱础，直接立在台基上，檐部较厚重，线脚较少，多为直面，整体视觉追求刚劲、质朴、力量与和谐，具有男性性格。

#### 2．爱奥尼克柱式

爱奥尼克柱式产生于小亚细亚地区，设计是比例较细长，开间较宽，柱头有精巧的如圆形的涡卷，柱身收分不明显，有小圆面的凹槽，柱础为复杂组合而有弹性，檐部较薄，使用多种复合线脚，整体风格秀美、华丽，具有女性的体态与性格特征。

#### 3．科林斯柱式

科林斯柱式是晚期形式，柱头由毛茛叶组成，宛如一个花篮，其柱身、柱础与整体比例类似爱奥尼克柱式。

这三种柱式是在漫长的摸索过程中慢慢形成的，后面的柱式总与前面的柱式之间存在一定的联系，那就是和谐的设计尺度与比例。柱式的发展对古希腊建筑的结构设计起到了决定性的作用，并对后来的古罗马、欧洲的建筑设计风格产生了极为深远的影响。

## 二、雅典卫城

希腊雅典卫城（图 8-19、图 8-20）位于雅典市中心的卫城山丘上，始建于公元前 580 年，是古希腊建筑与雕刻艺术的集大成者。雅典卫城是希腊最杰出的古建筑群，为阿克罗波利斯建造的神庙，是综合性的公共建筑、宗教政治的中心地。最初，雅典卫城是用于防范外敌入侵的要塞，山顶四周筑有围墙，古城遗址则在卫城山丘南侧。雅典卫城中最早的建筑是雅典娜神庙和其他宗教建筑。帕特农神庙坐落在雅典卫城的最高处，从雅典各个方向都能看到其宏伟庄严的形象。

**图8-19　雅典卫城远景**

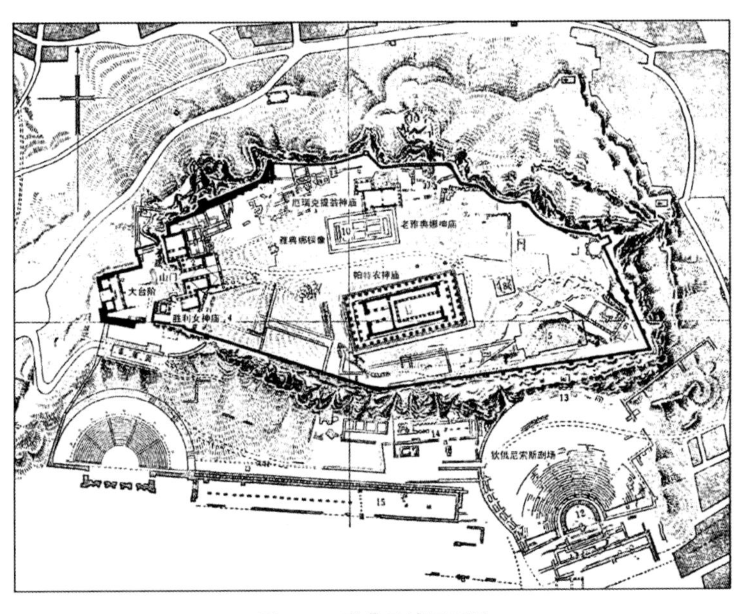


**图8-20　雅典卫城平面图**

## 三、古希腊神殿

古希腊建筑中最大、最漂亮的就是神殿，这与古希腊人的宗教观念息息相关。

帕特农神庙位于雅典卫城的山顶，是供奉雅典娜的大庙，是雅典卫城建筑群的中心。它位于雅典卫城的最高处，距山门 80 m 左右，是希腊本土最大的多立克围廊式庙宇，东、西立面各有 8 根柱，南、北立面各有 17 根柱，如图 8-21 所示。帕特农神庙建筑内部分成两半。朝东的一半是圣堂，圣堂内部的南、北、西三面都有列柱，是多立克的。帕特农神庙的多立克柱式代表着古希腊多立克柱式的最高成就。

**图8-21　古希腊帕特农神庙遗址**

总而言之，古希腊建筑是人类建筑设计发展史上的伟大成就之一，给人类留下了不朽的艺术经典。古希腊建筑通过自身的尺度感、体量感、材料质感、造型色彩及建筑自身所承载的绘画和雕刻艺术给人以巨大强烈的震撼，其梁柱结构、建筑构件特定的组合方式及艺术修饰手法等设计语汇极其深远地影响着后人的建筑设计风格，几乎贯穿于整个欧洲 2 000 年的建筑设计活动，无论是文艺复兴时期、巴洛克时期、洛可可时期，还是集体主义时期，都可见到古希腊设计语汇的再现。因此可以说，古希腊是西方建筑设计的开拓者。

# 第五节 古罗马建筑

古罗马文明通常是指从公元前 9 世纪初在意大利半岛中部兴起的文明。古罗马文明在自身的传统上广泛吸收东方文明与古希腊文明的精华，在罗马帝国产生和发展起来的基督教，对整个人类尤其是欧洲文化的发展产生了极为深远的影响。

古罗马建筑历史有三个时期：伊特鲁里亚时期（公元前 8 世纪—前 2 世纪）、罗马共和国时期（公元前 2 世纪—前 30 年）、罗马帝国时期（公元前 30 年—476 年）。

## 一、拱券技术

古罗马建筑除了使用砖、木、石以外，还使用了强度高、施工方便、价格低的火山灰混凝土，以满足建筑拱券的需求，并发明了相应的支模、混凝土浇灌及大理石饰面技术。古罗马建筑为满足各种复杂的功能要求，设计了筒拱、交叉拱、十字拱、穹隆（半球形）及拱券平衡技术等一整套复杂的结构体系。如弗拉维宫殿主厅的筒形拱跨度达 29.3 m，万神庙穹隆顶的直径是 43.3 m（图 8-22）。公元 1 世纪中期出现了十字拱，将拱顶的重量集中到四角的柱墩上，无须连续的承重墙，使空间变得更为开阔宽敞，将多个十字拱与筒形拱、穹窿顶相组合，创造出了更为复杂的内部空间形式，古罗马帝国的皇家浴场就是这种组合形式的典型代表。再如古罗马城中心广场东边的君士坦丁巴西利卡，中央采用三间十字拱，跨度为 25.3 m，高 40 m，左、右各有 3 个跨度为 23.5 m 的筒形拱平衡水平推力，依靠高水平的结构技术实现了大体量的空间形式。因此可以说，古罗马建筑的布局方式、空间组合、艺术形式与拱券结构技术和复杂拱顶体系的推广是密不可分的。

## 二、万神庙

万神庙（图 8-23）位于罗马圆形广场的北部，是罗马最古老的建筑之一，也是古罗马建筑的代表作。万神庙采用了穹顶覆盖的集中式形制。重建后的万神庙是单一空间、集中式构图的建筑物的代表，也是罗马穹顶技术的最高代表。

万神庙正面呈长方形，平面为圆形，内部为一个由 8 根巨大拱壁支柱承荷的圆顶大厅。这个古代世界最大的穹顶直径为 43.3 m，正中有直径为 8.92 m 的采光圆眼，成为整个建筑的唯一入光口。大厅直径与高度均为 43.3 m，四周墙壁厚达 6.2 m，外砌以巨砖，但无窗无柱。墙厚 6.2 m，也是混凝土的。每浇筑 1 m 左右，就砌 1 层大块的砖。墙体内沿圆周发 8 个大券，其中 7 个是壁龛，一个是大门。龛和大门也减轻了基础的负担。基础深 4.5 m，底厚 7.3 m。基础和墙的混凝土用凝灰岩和灰华石作集料。

万神庙门廊高大雄壮、华丽浮艳，它面阔 33 m，正面有长方形柱廊，柱廊宽 34 m，深 15.5 m；有科林斯式石柱 16 根，分 3 排，前排 8 根，中、后排各 4 根。柱身高 14.18 m，底径为 1.43 m，用整块埃及灰色花岗岩加工而成。柱头和柱础则是白色大理石。山花和檐头的雕像，大门扇、瓦、廊子里的天花梁和板，都是铜做的，包着金箔。

外墙面划分为 3 层，下层贴白大理石，上两层抹灰，第三层可能有薄壁柱作装饰。下两层是墙体，第三层包住穹顶的下部，所以穹顶没有完整地表现出来。

**图8-22　古罗马万神庙内部**

图8-23　万神庙

## 三、角斗场

角斗场（图 8-24）又名斗兽场、露天竞技场，位于意大利首都罗马的威尼斯广场南面，是古罗马建筑的典型代表，也是古罗马帝国的象征。它因建于弗拉维王朝时期（公元 69—96 年），故又被称为弗拉维露天剧场。

角斗场呈椭圆形，长轴为 188 m，短轴为 156 m，高达 57 m，外墙周长为 520 余米，整个角斗场占地约为 2 万 $m^2$，可容纳 5 万 ~ 8 万名观众。

角斗场中央是用于角斗的区域，长轴为 86 m，短轴为 54 m，周围有一道高墙与观众席隔开，以保护观众的安全。在角斗区四周是观众席，是逐级升高的台阶，共有 60 排座位，按等级地位的差别分为几个区。在观众席后是拱形回廊，它环绕着角斗场四周。回廊立面总高度为 48.5 m，由上至下分为 4 层，下面 3 层每层由 80 个拱券组成，每两券之间立有壁柱。壁柱的柱式第一层是多立克式，健美粗犷，犹如孔武有力的男性。第二层是爱奥尼式，轻盈柔美，宛若沉静端秀的少女。第三层则是科林斯式，它结合前两者的特点，更为华丽细腻。这三层柱式结构既符合建筑力学的要求，又带给人极大的美学享受。到第四层则是由有长方形窗户的外墙和长方形半露的方柱构成，并建有梁托，露出墙外，外加偏倚的半柱式围墙作为装饰。在这一层的墙垣上，布置着一些坚固的杆子，是为扯帆布遮盖巨大的看台用的。四层拱形回廊的连续拱券变化和谐有序，富于节奏感，它使整个建筑显得宏伟而又秀巧、凝重而又空灵。角斗场的特点从任何一个角度都能详尽地显示出来，为建筑结构的处理提供了出色的典范。

角斗场的内部装饰十分考究，具有由大理石镶砌的台阶还有花纹雕饰。在第二、三层的拱门里，均置有白色大理石雕像。角斗场的底层下面还有地下室，用以逗留和安置角斗士，还有关野兽的笼子。不用时，这些地方都用闸门封闭。角斗时，表演者被由机械操作的升降台带上场。

图8-24　角斗场

## 四、凯旋门

君士坦丁凯旋门（图 8-25）建于公元 312 年，是罗马城现存的三座凯旋门中建造年代最晚的一座。它是为庆祝君士坦丁大帝于公元 312 年彻底战胜他的强敌马克森提，并统一帝国而建的。凯旋门长 25.7 m，宽 7.4 m，高 21 m，拥有 3 个拱门，其上的雕塑精美绝伦、恢宏大气。处在拱门上端（顶阁）两侧的 8 座矩形浮雕原先是一座纪念马库斯奥里列阿斯的建筑物上的装饰，只是这位皇帝的头像被重新雕刻成了君士坦丁的样子。

图8-25　君士坦丁凯旋门

### 五、建筑的设计风格及艺术成就

古罗马大型建筑物风格雄浑凝重，构图和谐统一，形式多样。古罗马人开拓了新的建筑设计领域，丰富了建筑设计的艺术表现手法，主要体现在以下几个方面：第一，古罗马建筑创新了拱券覆盖下的内部空间，有庄严的万神庙的单一空间，有层次多、变化大的皇家浴场的序列式组合空间，还有巴西利卡的单向纵深空间，部分建筑对内部空间设计的关注程度甚至超过外部形式。第二，古罗马建筑继承了古希腊柱式并发展为塔司干柱式、罗马多立克柱式、罗马爱奥尼克柱式、科林斯柱式及组合柱式，解决了拱券结构的笨重墙墩、多层建筑与柱式艺术风格的矛盾，创造出了柱式与拱券相结合的券柱式与连续券形式，形成了水平立面划分构图形式与垂直式构图形式，实现了结构与装饰的完美结合，如古罗马帝国各地的凯旋门大多是券柱式构图。第三，古罗马建筑设计了由各种弧线组成的建筑平面，采用拱券结构的集中式建筑物，主要以公元 2 世纪初期建于罗马郊外的哈德良离宫为代表（图 8-26）。

**图8-26　古罗马哈德良离宫遗址**

总而言之，古罗马建筑直接继承并大大推动了古希腊建筑设计的发展，开拓了新的建筑领域，丰富了建筑艺术手法，在建筑形制、艺术和技术方面取得了广泛成就，达到了奴隶制时代建筑的最高峰。公元 4 世纪晚期古罗马建筑渐趋衰落，15 世纪以后又重新受到文艺复兴、古典主义、古典复兴及 19 世纪初期法国帝国风格的关注，开始成为建筑设计学科的典范。古罗马的建筑设计书籍和图册于明朝末年传入中国，但当时的古罗马建筑对中国建筑设计没有产生实质性的影响。

## 第六节　小结

尼罗河狭长的地理环境促使古代埃及选择了由南向北的多元一体化集权的文明起源模式，体现在建筑上就是重点设计建造了一批又一批的金字塔陵墓，其基本形制是利用高超的石材加工制作技术创造出简单的巨型几何体与诡秘的纵深布局，追求雄伟、庄严、神秘、震撼人心的空间氛围，对后世建筑设计产生了深远的影响。毫无疑问，古代埃及金字塔、方尖碑及神庙是世界建筑设计史上的奇迹。

不同时期的族群、文化、社会，甚至不同文明进程的自然演化促使两河流域文明呈现出形态各异、多元承袭、续生发展的模式，体现在建筑上就是设计建造了风格迥异的神庙和宫殿，由于两河流域缺少石材，多以黏土为基本材料，创造了一套完整的建筑设计体系。两河流域各民族之间经济文化技术交流的加强，积极推动了本地区建筑设计艺术的进步，对古代波斯帝国也产生了极为深刻的影响，如建在高台之上的宫殿建筑明显体现了两河流域的设计风格，而宫殿建筑中的巨柱又是古代埃及建筑艺术的反映。两河流域和古代波斯社会处在原始的拜物教阶段，世俗建筑占主导地位，没有古代埃及建筑神秘压抑的宗教气氛。两河流域皇权主要通过武力和财富加以表达，反映在建筑上就是很重视装饰，陶钉、贴面砖、琉璃砖被广泛使用，建筑布局相对灵活，没有局限的对称关系。

随着历史的不断演进，历经 4 000 多年之久的古代埃及、两河流域和波斯文明逐渐被崛起的古希腊、古罗马与阿拉伯文明所淹没。

古希腊和古罗马是西方艺术史上的古典时代，是世界文化史上两座永恒的丰碑。在建筑艺术领域内，古希腊和古罗马的建筑设计风格又有着较大的不同。意大利建筑师布鲁诺·赛维在他的《建筑空间论》中指出：“希腊式 = 优美的时代，象征热情激荡中的沉思安息；罗马式 = 武力与豪华的时代。”如果说古希腊建筑像幽静的小夜曲，那么古罗马建筑则像富丽堂皇的交响乐。古希腊建筑中最具代表性的是神庙，大量采用大理石及各种石柱，设计风格简洁典雅，从留传后世的帕特农神庙和雅典卫城可见一斑。古罗马继承并发展了古希腊建筑的设计成就，古罗马建筑多采用圆形拱顶的营造方式与科林斯式圆柱。如建于公元前 27 年的古罗马万神庙，整体形象呈一个巨大的鼓状，建筑风格庄严华美、气势恢宏。古罗马《建筑十书》指出，建筑设计的基本原则是“需讲求规例、配置、匀称、均衡、合宜及经济”，这可以说是对古罗马建筑设计特点的理论性总结，显然具有古希腊建筑所追求的和谐、完美与崇高的设计风格，众多建筑类型与形象又反映了古罗马建筑的合宜及经济，其建筑形式适应了现实世俗的功能设计要求。

总的说来，古希腊和古罗马建筑对后世西方的建筑设计产生了深远影响。

## 思考题

1．古王国时期的陵墓有什么特点？

2．试简单介绍阿蒙神庙。

3．两河流域有何建筑成就？

4．试述爱琴文明时代的建筑成就及其对后世的影响。

5．为什么说爱琴文明的建筑艺术成就在其鼎盛时期绝不亚于同时代的任何艺术？

6．古希腊建筑设计经历了哪几个主要发展时期？

7．简述古希腊多立克柱式、爱奥尼克柱式、科林斯柱式三大柱头的装饰特征。

8．试述雅典卫城的布局及主要建筑特点。

9．试述古罗马万神庙的建筑特点。

# 第九章 欧洲中世纪的建筑

## 第一节 拜占庭建筑

古罗马帝国极盛之后，逐渐衰退。395 年，古罗马帝国分裂为东、西两部分，东罗马帝国以巴尔干半岛为中心，领土包括小亚细亚、叙利亚、巴勒斯坦、埃及以及美索不达米亚和南高加索的一部分，首都为君士坦丁堡，原为古希腊殖民城市拜占庭旧址，故又称拜占庭帝国。拜占庭帝国主要生存于巴尔干半岛和现土耳其所组成的领土上，以农业为经济基础，并拥有发达的商业和手工业。在中世纪早期的几百年中，拜占庭一直是欧洲经济最发达的国家，也是古代和中世纪欧洲历史最悠久的君主制国家。

在建筑设计的发展阶段方面，拜占庭大量保留和继承了古希腊、古罗马及波斯、两河流域的建筑艺术成就，并且具有强烈的文化世俗性，具体可以分为三个阶段，即前期（4—6 世纪）、中期（7—12 世纪）和后期（13—15 世纪）。

### 一、穹顶和集中式形制

在罗马帝国末期，东罗马和西罗马一样，流行巴西利卡式的基督教堂。另外，按照当地传统，为一些宗教圣徒建造集中式的纪念物，大多用拱顶，规模不大。到 5—6 世纪，由于东正教不像天主教那样重视圣坛上的神秘仪式，而宣扬信徒之间的亲密一致，因此奠定了集中式布局的概念。另外，集中式建筑物立面宏伟、壮丽，从而使这种集中式形制广泛流行。集中式教堂就是使建筑集中于穹顶之下，穹顶的大小、成败直接关系到建筑设计的成功与否，发展穹顶至关重要。

拜占庭建筑为砖石结构，局部加以混凝土，从建筑元素来看，拜占庭建筑包含了古代西亚的砖石券顶、古希腊的古典柱式和古罗马建筑规模宏大的尺度，以及巴西利卡的建筑形式，并发展了古罗马的穹顶结构和集中式形制，设计了 4 个或更多独立柱支撑的穹顶、帆拱、鼓座相结合的结构方法和穹顶统率下的集中式建筑形制。从现存建筑遗址来看，拜占庭的宫殿和其他公共建筑中，除少量建筑保留中轴对称以外，大部分建筑群都是由各时期添建组成的，多呈现为平面不规则的自由布局。其教堂的设计布局可分为三类：巴西利卡式（如圣索菲亚教堂）、集中式（平面为圆形或正多边形）以及希腊十字式（图 9–1）。这一时期的教堂多采用花岗岩和大理石设计建造，内部装饰多采用彩色云石、大理石、马赛克和琉璃砖，并创造了彩色镶嵌和粉画装饰艺术。拜占庭建筑对东欧的宗教建筑有很大影响，致使东欧的教堂建筑呈现出明显的拜占庭设计特点，外部造型多为饱满的穹顶高举在拉长的鼓座之上，统率整体并形成中心垂直轴线的集中式构图，如今在俄罗斯、乌克兰、保加利亚、罗马尼亚、希腊等国都可以见到拜占庭设计风格的教堂和修道院（图 9-2、图 9-3）。此外，拜占庭建筑对伊斯兰建筑也产生过影响，其中最鲜明的特征就是西亚各国清真寺中常见的拜占庭式中央穹窿，以及清真寺内部对光线的设计手法。

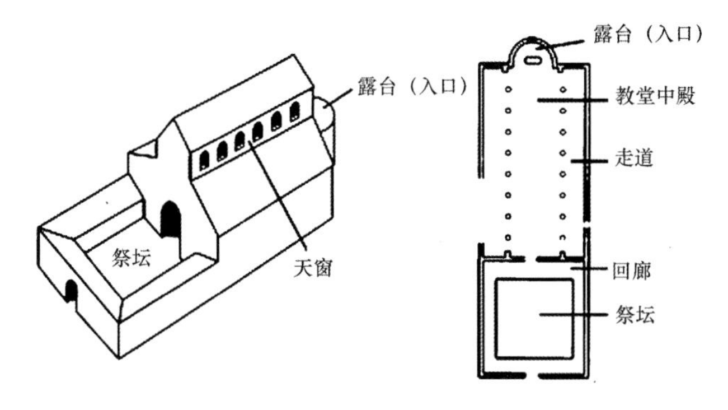


巴西利卡式教堂

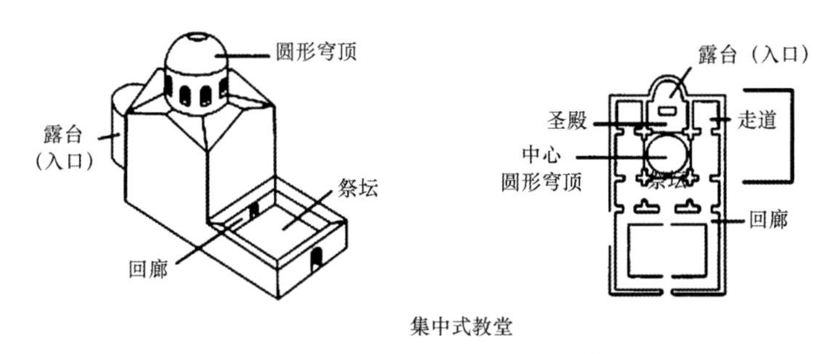


集中式教堂

图9-1 巴西利卡与集中式教堂示意

（a）巴西利卡式教堂；（b）集中式教堂

图9-2 乌克兰基辅圣索菲亚教堂

图9-3 俄罗斯莫斯科基督救世主大教堂

## 二、圣索菲亚大教堂

圣索菲亚大教堂（图 9-4 ~ 图 9-6）是位于现今土耳其伊斯坦布尔的宗教建筑，有近 1500 年的漫长历史，因其巨大的圆顶而闻名于世，是一幢“改变了建筑史”的拜占庭式建筑典范。

圣索菲亚大教堂是集中式的，东西长 77.0 m，南北长 71.0 m。其布局属于以穹隆覆盖的巴西利卡式。中央穹隆突出，四面体量相仿但有侧重，前面有一个大院子，正南入口有两道门庭，末端有半圆神龛。中央大穹隆直径为 32.6 m，穹顶离地 54.8 m，通过帆拱支承在 4 个大柱墩上。其横推力由东、西两个半穹顶及南、北各两个大柱墩来平衡。内部空间丰富多变，穹隆之下，与柱之间，大小空间前后上下相互渗透，穹隆底部密排着一圈 40 个窗洞，光线射入时形成的幻影使大穹隆显得轻巧凌空。

教堂内部空间曲折多变，饰有金底的彩色玻璃镶嵌画。其装饰富丽堂皇，地板、墙壁、廊柱是五颜六色的大理石，柱头、拱门、飞檐等处以雕花装饰，圆顶的边缘有 40 具吊灯，教坛上镶有象牙、银和玉石，大主教的宝座以纯银制成，祭坛上悬挂着丝与金银混织的窗帘，上有皇帝和皇后接受基督和玛利亚祝福的画像。

图9-4　伊斯坦布尔圣索菲亚大教堂外观

图9-5　伊斯坦布尔圣索菲亚大教堂内部

图9-6　伊斯坦布尔圣索菲亚大教堂内部装饰

## 第二节　西欧中世纪建筑

“中世纪”一词是由 15 世纪后期的人文主义者开始使用的，也称中古时代，泛指欧洲（主要是西欧）历史上从 476 年西罗马帝国灭亡开始直至 1453 年东罗马帝国灭亡这一时期。中世纪的欧洲没有一个强有力的政权来统治，早在古罗马帝国末期，西欧的经济已经衰落，为争取城市的独立解放，以手工业工匠和商人为主体的市民展开了对封建领主的斗争，同时也展开了世俗文化对天主教神学的斗争，西欧的建筑设计也随之进入了新阶段，各种公共建筑逐渐增多，立场鲜明地反映出当时的社会状态，如立面极富创造性的威尼斯总督府（图 9-7）与性格轻快的半露式彩色木构造市民建筑等。这一时期的建筑设计大体上分为早期基督教建筑、罗马式建筑及哥特式建筑 3 个发展阶段。

图9-7　意大利威尼斯总督府

### 一、罗马式建筑

#### 1．建筑特点

公元 9 世纪，西欧正式进入封建社会，这时的建筑形式继承了古罗马的半圆形拱券结构，采用传统的十字拱以及简化的古典柱式和细部装饰，以拱顶取代了早期基督教堂的木屋顶，创造了扶壁、肋骨拱与束柱结构。因其形式略有罗马风格，故称为罗马式建筑。比萨主教堂建筑群就是其中代表。

罗马式建筑最突出的特点是创造了一种新的结构体系，也就是把原来的梁柱结构体系、拱券结构体系变成了由束柱、肋骨拱、扶壁组成的框架结构体系。框架结构的实质是把承力结构和围护材料分开，承力结构组成一个有机的整体，使围护材料可做得很轻很薄。

### 2. 代表建筑

比萨大教堂（图 9-8、图 9-9）是意大利罗马式教堂建筑的典型代表，位于意大利比萨广场，始建于 1063 年，由雕塑家布斯凯托·皮萨谨主持设计。教堂平面呈长方的拉丁十字形，长 95 m，纵向有 4 排 68 根科林斯式圆柱。纵深的中堂与宽阔的耳堂相交处为一椭圆形拱顶所覆盖，中堂用轻巧的列柱支撑着木架结构屋顶。它是中世纪建筑艺术的杰作，对 11—14 世纪的意大利建筑产生了深远的影响。

在比萨广场上有大教堂、洗礼室、钟楼和墓地。比起教堂本身来说，比萨斜塔（图 9-10）的名气似乎更大一些。其实，它只是比萨大教堂的一个钟楼，其因特殊的外形、历史上与伽利略的关系而名声大噪，并且历经多年，塔斜而不倒，被公认为世界建筑史上的奇迹。这些宗教建筑都对意大利 11—14 世纪间的教堂建筑艺术产生了极大影响。

图9-8　意大利比萨大教堂外观

图9-9　意大利比萨大教堂内部

图9-10　意大利比萨斜塔

## 二、哥特式建筑

### 1. 建筑特点

哥特式建筑的特点是拥有高耸尖塔、尖形拱门、大窗户及绘有圣经故事的花窗玻璃；在设计中利用尖肋栱顶、飞扶壁、修长的束柱，营造出轻盈修长的飞天感；使用新的框架结构以增加支撑顶部的力量，使整个建筑拥有直升线条、雄伟的外观，并使教堂内空间开阔，再结合镶着彩色玻璃的长窗，使教堂内产生一种浓厚的宗教气氛。

### 2. 哥特式教堂结构的特点

（1）使用骨架券（图 9-11）作为拱顶的承重构件，十字拱成了框架式的，其余的填充围护部分减薄到了 25 ~ 30 cm，拱顶大为减轻，材料省了，侧推力也小多了，连带着垂直承重的墩子也就细了一点。骨架券使各种形状复杂的平面都可以用拱顶覆盖祭坛外环廊和小礼拜室拱顶的技术困难迎刃而解。

图9-11 骨架券应用实例

（2）使用骨架券技术对新结构的推广起了重大的作用。骨架券把拱顶荷载集中到每间十字拱的四角，因此可以用独立的飞券在两侧凌空越过侧廊上方，在中厅每间十字拱四角的起脚抵住它的侧推力。飞券落脚在侧廊外侧一片片横向的墙垛上。从此，侧廊的拱顶不必负担中厅拱顶的侧推力，可以大大降低高度，使中厅可以开很大的侧高窗，而且侧廊外墙也因为卸去了荷载而窗子大开。因此，结构进一步减轻，材料进一步节省。飞券较早使用在巴黎圣母院（建于公元1163—1235年）。它和骨架券一起使整个教堂的结构近于框架式。

（3）全部使用两圆心的尖券和尖拱。尖券和尖拱的侧推力比较小，有利于减轻结构。而且，不同跨度的两圆心券和拱可以一样高，因此，十字拱顶的对角线骨架券不必高于四边的，十字拱不致逐间隆起。甚至，十字拱的间也不必是正方形的了。12世纪时，中厅还沿用了正方形的间，每间中用骨架券横分一下，与侧廊的拱顶呼应，柱墩因此大小相间。到13世纪，中厅的间已同侧廊的进深一样，不再横分，于是，中厅两侧大小柱墩交替和大小开间套叠的现象完全消失了，内部空间变得整齐、单纯、统一。

### 3．哥特式教堂的空间特点

法国哥特式教堂内部空间的比例很瘦长。其中厅一般不是很宽，如巴黎圣母院的中厅宽只有12.5 m，韩斯主教堂的中厅宽为14.65 m，夏特尔大教堂的中厅宽为16.4 m。但是它们很长，所以教堂内部向前的动势很强，如巴黎圣母院的长为127 m，韩斯主教堂的长为138 m，夏特尔大教堂的长为130 m。同时，中厅的高度很大，12世纪下半叶后，其一般都在30 m以上，加上屋顶的尖拱，突出了向上飞升的动势。

### 4．代表建筑

最负盛名的哥特式建筑有俄罗斯圣母大教堂（图9-12）、意大利米兰大教堂（图9-13、图9-14）、英国威斯敏斯特大教堂（图9-15、图9-16）、德国科隆大教堂（图9-17）及法国巴黎圣母院（图9-18 ~图9-20）等。

巴黎圣母院是一座哥特式风格基督教教堂，也是古老巴黎的象征。它矗立在塞纳河畔，位于整个巴黎城的中心。它的地位、历史价值无与伦比，是法国历史上最为辉煌的建筑之一。它以其哥特式的建筑风格，祭坛、回廊、门窗等处的雕刻和绘画艺术，以及堂内所藏的13—17世纪的大量艺术珍品而闻名于世。

意大利米兰大教堂是世界上最大的哥特式建筑、世界上最大的教堂之一，规模仅次于梵蒂冈的圣彼得教堂，雄踞世界第二，也是世界上影响力最大的教堂之一。米兰大教堂于1386年开工建造，于1897年最后完工，前后历经6个世纪，德国、法国、意大利等国的建筑师先后参与了主教堂的设计，其汇集了多种民族的建筑艺术风格。12—15世纪，哥特式建筑风格在欧洲正流行，奠定了这座建筑的哥特式风格基调；在内部装饰上，由于17—18世纪巴洛克风格在欧洲兴起，因此它也融入了巴洛克风格。总之，它的建筑风格包含了哥特式、新古典式、巴洛克式。不过，虽经多人之手，但它始终保持了“装饰性哥特式”的风格。

图9-12 俄罗斯圣母大教堂

图9-13　意大利米兰大教堂外观

图9-16　英国威斯敏斯特大教堂内部

图9-14　意大利米兰大教堂内部外观

图9-17　德国科隆大教堂

图9-15　英国威斯敏斯特大教堂外观

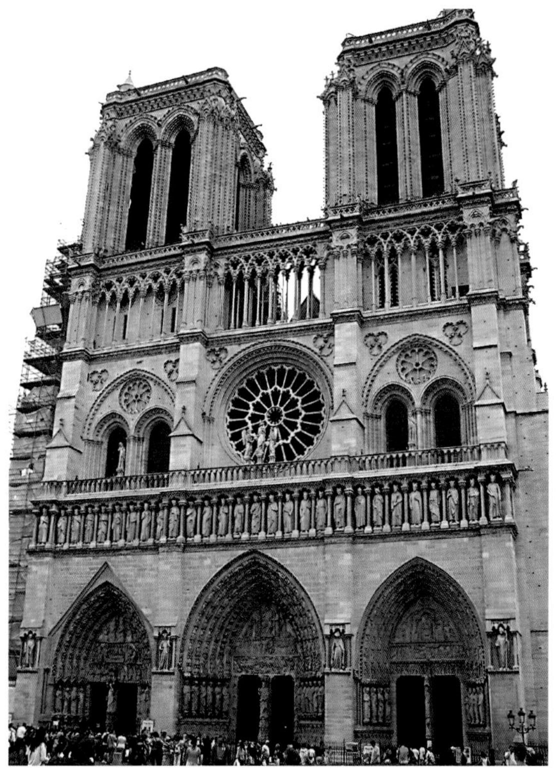

图9-18　法国巴黎圣母院外观

图9-19　法国巴黎圣母院内部

图9-20　法国巴黎圣母院大门雕饰

## 第三节　小结

中世纪时期由于封建割据而战争频繁，所以中世纪在欧美曾一度被视为黑暗时代，传统上认为这是欧洲文明史上发展比较缓慢的时期，另一种观点则认为中世纪的工场手工业催生了资本主义经济，它代表着一个现代时期的开始。著名中世纪研究学者查理・H・哈斯金在研究中写道："历史的连续性排除了中世纪与文艺复兴这两个紧接着的历史时期之间有巨大差别的可能性。现代研究表明，中世纪不是曾经被认为的那么黑暗，也不是那么停滞；文艺复兴不是那么亮丽，也不是那么突然。意大利文艺复兴之前，有一个类似的运动，即便它不是那么广传。"这一观点得到了人文主义学者的广泛认可。20 世纪中期以后，在英语国家中的专业学者文献中，"黑暗时期"这个词语渐渐消失，原来的"中世纪黑暗时期"现被改为专指 410 年（或 455 年）—754 年（或 800 年）这段欧洲历史。因此可以说，中世纪时期的建筑探索直接推动了后来欧洲建筑设计的文艺复兴运动。

### 思考题

1. 拜占庭建筑对东欧的宗教建筑有何影响？
2. 简述圣索菲亚大教堂的建筑特点。
3. 简述罗马式建筑的特点。
4. 为什么比萨斜塔比比萨大教堂名气更大？
5. 简述哥特式建筑的特点。

欧洲史前巨石阵

# 第十章 欧洲15—18世纪的建筑

## 第一节 意大利文艺复兴时期的建筑

文艺复兴运动源于 14—15 世纪，是随着生产技术和自然科学的重大进步，以意大利为中心的思想文化领域里发生的反封建、反宗教神学的运动。佛罗伦萨、热那亚、威尼斯这三个城市成为意大利乃至整个欧洲文艺复兴的发源地和发展中心。15 世纪，人文主义思想在意大利蓬勃发展，人们开始狂热地学习古典文化，随之打破了封建教会思想的长期垄断局面，为新兴的资本主义制度开拓了道路。16 世纪是意大利文艺复兴的高度繁荣时期，出现了达・芬奇、米开朗琪罗和拉斐尔等伟大的艺术家。历史上将文艺复兴的年代广泛界定为 15—18 世纪长达 400 余年的一段时期，文艺复兴运动真正奠定了“建筑师”这个名词的意义，这为当时的社会思潮融入建筑设计领域找到了一个切入点。如果说文艺复兴以前的建筑和文化的联系多处于一种半自然的自发行为，那么文艺复兴以后的建筑设计和人文思想的紧密结合就肯定是一种非偶然的人为行为，这种对建筑的理解一直影响着后世的各种流派。

### 一、佛罗伦萨大教堂

著名建筑师伯鲁乃列斯基设计了世界闻名的佛罗伦萨大教堂，他首次采用古典式的大穹窿顶，打破了中世纪天主教堂的构图束缚（图 10-1 ~图 10-3）。

佛罗伦萨大教堂其实是一组建筑群，由大教堂、钟塔和洗礼堂组成，大教堂是整个建筑群的主体部分。教堂平面呈拉丁十字形状，本堂宽阔，长达 82.3 m，由 4 个 18.3 m 见方的间跨组成，形制特殊。教堂的南、北、东三面各出半八角形巨室，巨室的外围包容有 5 个成放射状布置的小礼拜堂。

整个建筑群中最引人注目的是中央穹顶，仅中央穹顶本身的工程就历时 14 年，完成于 1434 年，顶高 106 m，穹顶的基部呈八角平面形，平面直径达 42.2 m。基座以上是各面都带有圆窗的鼓座。穹顶的结构分内、外两层，内部由 8 根主肋和 16 根间肋组成，构造合理，受力均匀。内部墙壁上有一幅著名的壁画《最后的审判》。

在中央穹顶的外围，各多边形的祭坛上也有一些半穹形，与上面的穹顶上下呼应。它的外墙以黑、绿、粉色条纹大理石砌成各式格板，上面加上精美的雕刻、马赛克和石刻花窗，呈现出非常华丽的风格。整个穹顶，总体外观稳重端庄、比例和谐，没有飞拱和小尖塔之类的东西，水平线条明显。除大教堂以外，整个建筑群中的钟塔和洗礼堂也是很精美的建筑，钟塔高 88 m，分 4 层，13.7 m 见方；建于 1290 年的洗礼堂高约 31.4 m，建筑外观端庄均衡，以白、绿色大理石饰面。

教堂的八角形穹顶是世界上最大的穹顶之一，内径为 43 m，高 30 多米，在其正中央有希腊式圆柱的尖顶塔亭，连亭总计高达 107 m。巨大的穹顶依托在交错复杂的构架上，下半部分由石块构筑，上半部分用砖砌成。为突出穹顶，设计者特意在穹顶之下修建一个 12 m 高的鼓座。为减少穹顶的侧推动，构架穹面分为内、外两层，中间呈空心状。大教堂建筑的精致程度和技术水平超过古罗马和拜占庭建筑，其穹顶被公认为意大利文艺复兴式建筑的第一个作品，体现了奋力进取的精神。

**图10-1　意大利佛罗伦萨大教堂圆形大穹顶外观**

**图10-2　意大利佛罗伦萨大教堂立面**

## 二、盛期文艺复兴在罗马

### 1. 坦比哀多

以罗马为中心的盛期文艺复兴（15 世纪末—16 世纪中期），催生了一批以维特鲁威的《建筑十书》为基础发展而成的建筑理论著作，著名建筑理论家和建筑师莱昂·巴蒂斯塔·阿尔伯蒂真正将文艺复兴建筑的营造提升到了理论高度，他的《论建筑》（又称《建筑十篇》，1485 年）提出以欧几里德的数学原理为依据，对圆形、方形等基本几何形体进行合乎比例的重新组合，采用黄金分割法（1.618 ∶ 1）设计出具有和谐比例关系的建筑作品。在理论的实际运用过程中，出现了以伯拉孟特设计的坦比哀多庙堂（图 10–4）为代表的经典作品。此建筑为小型纪念堂，圆形直径为 8 m，高 13 m，由 16 根柱子簇拥一个穹顶，虽然构成简单，但却是当时的重大设计创新，长期以来被认为是具有最佳比例和尺度的非古典建筑（古典即古希腊和古罗马时代）。

图10-3　意大利佛罗伦萨大教堂圆形大穹顶内部

图10-4　罗马坦比哀多庙堂

### 2. 圣彼得大教堂

圣彼得大教堂（图 10-5）坐落在圣彼得广场西面，东西长 187 m，南北宽 137 m，穹隆圆顶高 138 m，始建于 1506 年，于 1626 年最后完成。教堂之大，能容 5 万人之多。它是意大利文艺复兴时期的建筑家与艺术家米开朗琪罗、拉斐尔、勃拉芒特和小沙迦洛等大师的共同杰作。圣彼得广场同圣彼得大教堂是一组不可分割的建筑艺术整体。广场长 340 m，宽 240 m，周围是一道椭圆形双柱廊，共有 284 根圆柱和 88 根方柱，柱端屹立着 140 尊圣人雕像，规模浩大，宏伟壮观。广场中央耸立着一座高 26 m 的方尖石碑，建筑石碑的石料是当年专程从埃及运来的。石碑顶端立着一个十字架，底座上卧着 4 只铜狮，两侧各有一个喷水池。

图10-5　圣彼得大教堂

## 三、府邸建筑

15 世纪以后，在佛罗伦萨曾兴起一阵兴建贵族府邸的热潮。这些府邸是四合院的平面，多为 3 层。正立面凹凸变化较小，但出檐很深。外墙面有一些中世纪的遗痕，如底层用表面粗糙的大石块，二层表面略为光滑，三层用最为光滑的石块，而且灰缝很小。另外，也有墙面是抹灰的，墙角和大门等阳角周边用重块石板来围护，并和墙面形成对比。

美狄奇 – 吕卡尔第府邸（图 10-6）是早期文艺复兴府邸的典型作品，其建筑师是米开罗佐。15 世纪下半叶，文艺复兴的新文化转向宫廷，染上贵族色彩，大量的豪华府邸迅速建立起来。这些府邸一反市民建筑的清新明快，追求欺人的威势。美狄奇 – 吕卡尔第府邸的墙垣仿照中世纪一些寨堡的样子，形象很沉重。为了追求壮观的形式，沿街立面是屏风式的，墙垣全用粗糙的大石块砌筑，但处理得比较精致。底层的大石块只略经粗凿，表面有起伏，但砌缝仍留有宽度。正立面是矩形的，上、下、左、右斩截干净，冠戴檐口挑出深远，同整个立面的高度大致成柱式的比例，不再像中世纪那样自由活泼。窗子也是大小一律，排列整齐。内院则四周一律，不分主次，平面没有轴线。

图10-6　美狄奇-吕卡尔第府邸

圆厅别墅（图 10-7）是意大利的一座贵族府邸，为文艺复兴晚期典型建筑，在维琴察的一个小山丘上。其建于 1552 年，采用对称手法，平面呈正方形，四面都有门廊，正中为一圆形大厅。厅上冠以一碟形穹隆，外观高出四周屋顶。坐落在意大利维琴察，是一座完全对称的建筑，以中央圆厅为中心向四边辐射，4 个立面均有庄严的门廊和巨大的弧形台阶，富有古典韵味，由建筑师帕拉第奥设计。这座别墅最大的特点是绝对对称。从平面图来看，围绕中央圆形大厅周围的房间是对称的，甚至希腊十字型四臂端部的入口门厅也一模一样。圆厅别墅以雅洁的白色为主色调，用色素雅，衬托着头顶的蓝天白云，和旁边的茵茵碧草，带有一种“绚烂至极归于平淡”的淡然，透出矜持庄重、高雅安宁的气质。

图10-7　维琴察圆厅别墅

## 四、巴洛克建筑

巴洛克建筑是 17—18 世纪在意大利文艺复兴建筑的基础上发展起来的一种建筑和装饰风格。巴洛克意为“畸形的珍珠”，其艺术特点是怪诞、扭曲、不规整。巴洛克风格奇异古怪，古典主义者用以称呼被认为是离经叛道的建筑风格。这种风格在反对僵化的古典形式、追求自由奔放的格调和表达世俗情趣方面起了重要作用，对城市广场、园林艺术以至文学艺术都有影响，一度在欧洲广泛流行。

### 1. 巴洛克建筑的特点

（1）波浪形曲线与曲面形成标志建筑。利用透视法或增加层次来夸大距离，体积感强。

（2）建筑部件断折，不完整，形成不稳定形象，如折断的或双层的檐、山花。柱子不规则排列，增强立面与空间的凹凸起伏和动感。

（3）室内运用曲线曲面及形体的不稳定组合产生光影变化，追求动感。

（4）采用强烈的装饰、雕刻与色彩，运用互相穿插的曲面与椭圆形空间，大量运用自由曲线的形体追求动态。

### 2. 圣卡罗教堂

圣卡罗教堂是由波洛米尼设计的，它的殿堂平面近似橄榄形，周围有一些不规则的小祈祷室，此外还有生活庭院。殿堂平面与天花（图 10-8）装饰强调曲线动态。立面山花断开，檐部水平弯曲（图 10-9）。在立面的具体处理上，设计师在教堂立面的中央一间凸出、左右两面凹进均使用了曲线，形成了一个波浪形的曲面，其看似在流动，但构图稳妥，很见设计师的设计功力。墙面凹凸度很大，装饰丰富，有强烈的光影效果（图 10-10）。基本构成方式是将文艺复兴风格的古典柱式，即柱、檐壁和额墙在平面上和外轮廓上曲线化，同时添加一些经过变形的建筑元素，例如变形的窗、壁龛和椭圆形的圆盘等。

图10-8　罗马圣卡罗教堂穹顶

图10-10　罗马圣卡罗教堂内部

图10-9　罗马圣卡罗教堂正立面

### 3. 耶稣会教堂

意大利文艺复兴晚期著名建筑师和建筑理论家维尼奥拉设计的罗马耶稣会教堂（图 10-11 ~ 图 10-13）是由古典手法向巴洛克风格过渡的代表，有人称之为第一座巴洛克建筑。这个教堂平面采用拉丁十字的巴西利卡形制，中厅加宽，在圣坛前建了一个穹顶以照亮圣坛，渲染了其宗教气氛。立面上使用了双柱、叠柱、套叠的山花和卷曲的涡卷等做法。这种形制的教堂被耶稣会在各地普遍推广。

图10-11　罗马耶稣会教堂外观

图10-12　罗马耶稣会教堂内部

图10-13　罗马耶稣会教堂天花

## 五、文艺复兴城市广场的艺术特色

意大利文艺复兴的城市广场设计恢复了庄严对称的古典传统，克服了中世纪广场的封闭与狭隘，转而专注广场建筑群设计的完整性，如米开朗琪罗设计的罗马市政广场（图 10-14）就是文艺复兴时期较早按照轴线对称布局设计的梯形广场。城市广场按设计意图可分为集市活动广场、纪念性广场、装饰性广场、交通性广场，按设计形式可分为长方形广场、圆形或椭圆形广场、不规则形广场及复合式广场等。广场设计一般都以一个主题为中心，四周设计附属建筑陪衬，如佛罗伦萨的安农齐阿广场（图 10-15、图 10-16）。早期广场四周布置较自由，空间多封闭，雕像多在广场一侧，晚期广场较严整，周围设有柱廊，空间较为开敞，雕像往往放在广场中央。

图10-14　罗马市政广场

图10-15　佛罗伦萨的安农齐阿广场

图10-16　佛罗伦萨的安农齐阿广场建筑

# 第二节　法国古典主义建筑

法国古典主义是指 17 世纪流行于西欧，特别是法国的一种文学思潮，因为它在文艺理论和创作实践上以古希腊、古罗马为典范，故被称为“古典主义”。16 世纪，在意大利文艺复兴建筑的影响下形成了法国文艺复兴建筑，自此开始，法国建筑的设计风格由哥特式向文艺复兴式过渡，往往将文艺复兴建筑的细部装饰手法融合在哥特式的宫殿、府邸和市民住宅建筑设计中。17—18 世纪上半叶，古典主义建筑设计思潮在欧洲占据统治地位，其广义上是指意大利文艺复兴建筑、巴洛克建筑和洛可可建筑等采用古典形式的建筑设计风格；狭义上则指运用纯正的古典柱式的建筑，即 17 世纪法国专制君权时期的建筑设计风格。

## 一、巴黎卢浮宫

法国古典主义建筑的代表作品有巴黎卢浮宫的东立面（图 10-17）、凡尔赛宫和巴黎伤兵院新教堂等。其中凡尔赛宫不仅创立了宫殿的新形制，而且在规划设计和造园艺术上都为当时欧洲各国所效法。

古典主义最著名的代表性建筑是巴黎卢浮宫。巴黎卢浮宫是法国历史上最悠久的王宫，是古典主义的代表作。其东廊长 183 m，高 28 m，采用横三段、纵三段的构图手法。基座结实敦厚，中层为虚实相应的古典柱廊，顶部为水平厚檐，这三段在立面上的比例是 2 ∶ 3 ∶ 1；平面构图为：主入口及两端附体都采用凯旋门式的构图；中部的拱门部分增添三角形山花，将水平檐口打破，突出了主入口的重要性，也为流线加强了导向；柱廊采用双柱式以增加其刚强感。

由于古典式设计风格的盛行，卢浮宫的东立面被视为恢复古代理性美的典范，因此一度受到极力追捧。

图10-17　法国巴黎罗浮宫的东立面

图10-18　巴黎伤兵院新教堂

## 二、伤兵院新教堂

伤兵院新教堂（图 10-18）又被译为残废军人新教堂，是路易十四时期军队的纪念碑，也是 17 世纪法国典型的古典主义建筑。这座新教堂连接在原有的巴西利卡式教堂南端，平面设计为正方形，中央顶部覆盖有三层壳体的穹窿，其顶端距地面 106.5 m，这是整座建筑的中心；穹窿顶覆盖下的空间呈希腊十字状，四角均为圆形祈祷室；新教堂立面紧凑，外观呈略微向上提高的抛物线状，并在顶部加设了一个文艺复兴时期惯用的采光塔，使整座建筑呈现出庄严神秘的气氛。

## 三、凡尔赛宫

凡尔赛宫于 1661 年动土，于 1756 年竣工，至今约有 330 多年的历史。全宫占地 111 万 $m^2$，其中建筑面积为 11 万 $m^2$，园林面积为 100 万 $m^2$。宫殿建筑气势磅礴，布局严密、协调。正宫为东西走向，两端与南宫和北宫衔接，形成对称的几何图案。宫顶建筑摒弃了巴洛克的圆顶和法国传统的尖顶建筑风格，采用了平顶形式，显得端正而雄浑。

宫殿外壁上端，林立着大理石人物雕像，造型优美，栩栩如生。凡尔赛宫宏伟、壮观，它的内部陈设和装潢富于艺术魅力。500多间大殿小厅处处金碧辉煌，豪华非凡。内部装饰以雕刻、巨幅油画及挂毯为主，配有17、18世纪造型超绝、工艺精湛的家具，如图10-19～图10-21所示。凡尔赛宫不仅创立了新的宫殿设计形制，而且在规划设计和园林艺术上均被当时的欧洲各国所效法。

图10-19 法国凡尔赛宫内部（一）

图10-20 法国凡尔赛宫内部（二）

图10-21 法国凡尔赛宫外景

## 四、洛可可建筑

18世纪，为了反对宫廷艺术的繁文缛节，法国开始出现洛可可风格。洛可可本身不像是建筑风格，更像是一种室内装饰艺术。在建筑上，洛可可风格主要表现在室内装饰上。由于当时的富人贵族从凡尔赛搬回巴黎时，巴黎已经是一个发展较为成熟的城市，所以他们大都直接在原有的建筑上进行新风格的设计装潢。洛可可风格的装饰多用自然题材作曲线，如卷涡、波状和浑圆体；色彩娇艳，光泽闪烁，象牙白和金黄是其流行色；经常使用玻璃镜、水晶灯强化效果。洛可可风格以抽象的火焰形、叶形或贝壳形的花纹，不对称花边和曲线构图，在建筑外观、室内装饰及家具饰品上充分展示了一场细腻而生动、独特而神奇的视觉盛宴，令人无法忽视（图10-22～图10-24）。

### 1. 巴黎苏博士府邸

苏博士府邸（图10-25）是18世纪中期法国洛可可艺术的代表作，设计者为勃夫杭。大厅为椭圆形，由8根柱子支撑着上部的圆顶，圆顶上以柔缓、淡蓝的曲线进行装饰。连续不断的墙上饰有大量的窗及镜子。柱上饰有金色洛可可图案，曲线优美。室内还有绘画、雕刻等装饰。建筑空间流动、华丽，融雕刻、绘画、家具为一体。室内装修个性鲜明，富于变化。

图10-22 西班牙教堂立面的洛可可装潢

图10-23 洛可可建筑内部装潢

图10-24 洛可可室内顶部装饰

图10-25 巴黎苏博士府邸的大厅

### 2. 南锡广场群

南锡广场群也是洛可可建筑的典型代表，由勃夫杭和埃瑞·德·高尼所设计。南锡广场群（图 10-26）是由 3 个广场串联组成的，北头是长圆形的王室广场，南头是长方形的路易十五广场，中间由一个狭长的跑马广场连接，按纵轴线对称排列。跑马广场和路易十五广场之间有一道很宽的河，沿广场的轴线筑着 30 多米宽的坝，坝的北头是一座凯旋门。路易十五广场的南沿是市政厅，其他三面也有建筑物。有一条东西向的大道穿过广场，形成它的横轴线。在纵、横轴线的交点上，安置路易十五的立像。

路易十五广场南面的两角，装设着一对铁栅门。这一对铁栅门是 18 世纪金属工艺的杰出作品，说明洛可可装饰手法在这类建筑上可以产生的独特效果。它们的轻盈玲珑与沉重的石建筑形成对比，显得更加优美。

### 3. 协和广场

协和广场（图 10-27）始建于 1755 年，由当时任职于路易十五宫廷的皇家建筑师雅克·昂日·卡布里耶设计建造，工程历经 20 年，于 1775 年完工。卡布里耶首先为协和广场设计了一个长 360 m、宽 210 m、总面积为 84 000 $m^2$ 的八角形广场的雏形。为了得到一个远景透视效果，他选择了与当初建巴黎的那些皇家广场不同的方案。他将协和广场设计成一个开放式的广场，人们在此可远眺杜乐丽花园的千叶起舞，可俯视塞纳河的波光荡漾。

图10-26　南锡广场群

图10-27　法国协和广场

## 第三节　欧洲其他国家的建筑

16—18 世纪，意大利文艺复兴建筑风靡欧洲，遍及英国、德国、西班牙及北欧各国，并与当地的固有建筑设计风格逐渐融合。

### 一、尼德兰建筑

16 世纪，尼德兰资本主义经济发展很快。尼德兰在中世纪时市民文化就相当发达，相应的世俗建筑的水平很高，所以它的独特传统很强。

中世纪以来，尼德兰的商业城市里建造了大量的行会大厦（图 10-28）。它们的正面很窄，而进深很大，以正面作为山墙。屋顶很陡，里面有 2 ~ 3 层阁楼，所以山花上有几层窗子。山花是尖尖的，正适宜用哥特式的小尖塔和雕像等作装饰，形成华丽复杂的轮廓线。屋顶是木构的，比较轻，因此山墙上砌体很细小，开着很宽敞的大窗子。

图10-28　尼德兰行会大厦

### 二、英国建筑

16 世纪中期，文艺复兴建筑在英国逐渐确立，出现了过渡性的设计风格，既继承了哥特式建筑的都铎传统，又汲取了意大利文艺复兴建筑的细部设计。建筑设计类型也从中世纪的长期热衷于宗教建筑演变为开始专注世俗建筑，文艺复兴建筑风格的细部设计被运用在室内装饰和家具陈设上。

贵族的大型豪华府邸多以乡村为设计背景，设有塔楼、山墙、檐部、女儿墙、栏杆和烟囱，并在墙壁上开辟许多凸窗；在府邸周围布置形状规则的花园，其中有前庭、平台、水池、喷泉、花坛和灌木绿篱，花园与府邸组成完整和谐的环境，以哈德威克府邸（图 10-29）和郎利特府邸（图 10-30、图 10-31）为典型代表；这个时期府邸建筑的重要特征就是大窗户的出现，反映了彻底英国式的、开朗舒适、亲切朴实的设计风格。

17 世纪前期统治英国建筑潮流的是皇家宫廷建筑，为了显示王权的威严，其多采用意大利帕拉第奥式的严格古典建筑手法进行设计，古典的柱式和规则的建筑立面逐渐代替了自由过渡性的设计风格。始于 1640 年的英国资产阶级革命削弱了王室的专制统治，但古典建筑设计手法在英国仍占主导地位，以伦敦圣保罗大教堂为代表，体现了唯理主义的设计理论，成为英国资产阶级革命的纪念碑。这一时期的宫殿建筑与 16 世纪晚期的府邸建筑比较，其设计风格显然是装腔作势和缺乏生活情趣的。

18 世纪的英国是在资产阶级与封建大地主相互妥协的条件下发展的，这个时期既没有凡尔赛宫那样豪华的建筑，也没有严格的学院派设计原理，为英国新贵族和一部分富商设计建造府邸成为当时的主要建筑活动，以牛津郡的勃仑罕姆府邸（图 10-32）和约克郡的霍华德府邸（图 10-33、图 10-34）为典型代表。这些新府邸多采用严格的古典设计形制，追求森严傲岸、规模宏伟的设计风格，凭借室内功能多样化、建筑与景观整体和谐的设计手法彰显新贵族和巨商们的气派和财富。

图10-29　英国哈德威克府邸

图10-30　英国郎利特府邸外观

图10-31　英国郎利特府邸内部

图10-32　英国牛津郡的勃仑罕姆府邸

图10-33　英国约克郡的霍华德府邸内部楼梯间

图10-34　英国约克郡的霍华德府邸外观

## 三、德国建筑

在意大利文艺复兴建筑的影响下，德国于 16 世纪中期以后出现文艺复兴建筑，最初是在哥特式建筑上增设文艺复兴建筑风格的设计元素或装饰手法，如规模巨大的海德堡宫（图 10-35）和海尔布隆市政厅（图 10-36）。从 17 世纪开始，意大利建筑师陆续将文艺复兴建筑设计艺术带到德国，而德国建筑师也开始接受文艺复兴的建筑设计风格，并创造了具有本民族特点的设计手法，以 1612 年改造后的不来梅市政厅（图 10-37）立面设计为典型代表。

图10-35　德国海德堡宫

图10-36　德国海尔布隆市政厅

图10-37　德国不来梅市政厅

## 四、西班牙建筑

15 世纪晚期，西班牙建筑开始受到意大利文艺复兴建筑设计的影响，其设计特点是将文艺复兴建筑的细部设计运用在哥特式建筑上，并且带有摩尔人（中世纪统治西班牙）的艺术印记。其建筑造型变化多样，装饰细腻丰富，因此也被称为“银匠式”设计风格，以萨拉曼卡的贝壳府邸和阿尔卡拉・埃纳雷斯大学（图 10-38）为代表。

自 16 世纪中期开始，许多西班牙建筑师和雕刻家曾到弗兰德尔和意大利进行考察，因受到古典艺术的深刻影响，意大利建筑设计风格成为西班牙的主导，并在此基础上形成了一种新的风格，当时最著名的代表作品是马德里郊区的埃斯科里亚宫（图 10-39、图 10-40）。自 17 世纪中期开始，巴洛克建筑设计手法在西班牙兴起，圣地亚哥大教堂是这一设计手法的典型代表（图 10-41）。

图10-38　西班牙阿尔卡拉・埃纳雷斯大学

图10-39 西班牙埃斯科里亚宫外观

图10-40 西班牙埃斯科里亚宫走廊

图10-41 西班牙圣地亚哥大教堂

## 五、俄罗斯建筑

16 世纪，俄罗斯产生了既不同于拜占庭，又不同于西欧的，最富有民族特色的纪念性建筑，并达到了很高的水平。

### 1. 华西里·柏拉仁诺教堂

1552 年，俄罗斯人推翻了蒙古人的统治，并由巴尔马和波斯尼克建造了能够体现国家独立、民族解放这一伟大主题的建筑物——华西里·柏拉仁诺教堂（图 10-42）。该教堂由 9 个墩式教堂组成，由大平台把它们联合成整体。中央由一个墩子，冠戴着帐篷顶，形成垂直轴线，统率着周围 8 个小一些的墩子，8 个小墩子都为葱头形的穹顶。穹顶的形式和颜色各不相同。教堂用红砖砌造，细节用白色石头构建，穹顶则以金色和绿色为主，夹杂着黄色和红色。它富有装饰，主要的题材是鼓座上的花瓣形。这座教堂成功地把极其复杂多变的局部统一成完美的整体，不愧为世界建筑史的不朽珍品之一。

### 2. 冬宫

18 世纪初，彼得大帝建立了专制政体，并开始向西欧学习先进技术及艺术风格，这些风格在宫殿建筑上便有体现，如在涅瓦河岸边的、由意大利人拉斯特列里设计的冬宫（图 10-43）。它是一座三层楼房，长约 230 m，宽 140 m，高 22 m，呈封闭式长方形，占地 9 万 $m^2$，建筑面积超过 4.6 万 $m^2$。冬宫的四面各具特色，但内部设计和装饰风格却严格统一。

图10-42 华西里·柏拉仁诺教堂

图10-43　冬宫

## 第四节　小结

15世纪—18世纪上半叶，西欧和南欧的资本主义陆续开始萌芽，通过地理大发现和对海外殖民地的扩张，西班牙、葡萄牙、荷兰、法国和英国相继发展成为具有世界影响的强国，其建筑设计经历了文艺复兴、巴洛克及洛可可的古典文化洗礼。文艺复兴是欧洲从中世纪封建社会向近代资本主义社会转变时的反封建、反教会神权的一场伟大的思想解放运动，是资产阶级革命的舆论前提，代表欧洲近代资本主义文明的最初发展阶段，是“人类从来没有经历过的最伟大的、进步的变革”。文艺复兴是使欧洲摆脱腐朽的封建宗教束缚、向全世界扩张的前奏曲，对整个欧洲、美洲，甚至拉丁美洲国家都产生了极为深刻的影响。

### 思考题

1．试述欧洲文艺复兴的建筑设计成就及历史地位。

2．佛罗伦萨大教堂的八角形穹顶有何特点？

3．圣彼得大教堂的建筑特点是什么？

4．简述巴洛克风格建筑的主要特点。

5．简述文艺复兴时期的建筑设计成就和城市广场的艺术特色。

6．什么是古典主义建筑设计思潮？

7．简述洛可可风格建筑的主要特点。

8．俄罗斯建筑有何特点？

佛罗伦萨主教堂的穹顶

# 第十一章 欧美资产阶级革命时期的建筑

## 第一节 建筑设计艺术的发展

18—19 世纪的欧洲历史是工业文明化的历史，也是现代文明化的历史，或者叫作现代化的历史。18 世纪，欧洲各国的君主集权制度大都处于全盛时期，逐渐开始与中国、印度和土耳其进行小规模的通商贸易，并持续在东南亚与大洋洲建立殖民地。在启蒙运动的感染下，欧洲基督教教会的传统思想体系受到挑战，新的文化思潮与科学成果逐渐渗入社会生活的各个层面，民主思潮在欧美各国迅速传播开来。19 世纪，工业革命为欧美各国带来了经济技术与科学文化的飞速发展，直接推动了西欧和北美国家的现代工业化进程。在建筑设计艺术上主要体现为：18 世纪流行的古典主义逐渐被新古典主义与浪漫主义取代，后又向折中主义发展，为后来欧美建筑设计的多元化发展奠定了基础。

### 一、新古典主义

18 世纪 60 年代—19 世纪，新古典主义建筑设计风格在欧美一些国家普遍流行。新古典主义也称为古典复兴，是一个独立设计流派的名称，也是文艺复兴运动在建筑界的反映和延续。新古典主义一方面源于对巴洛克和洛可可的艺术反动，另一方面以重振古希腊和古罗马艺术为信念，在保留古典主义端庄、典雅设计风格的基础上，运用多种新型材料和工艺对传统作品进行改良简化，以形成新型的古典复兴式设计风格。采用这种建筑设计风格的主要是法院、银行、交易所、博物馆、剧院等公共建筑和一些纪念性建筑（图 11-1、图 11-2），一般性的住宅、教堂及学校则较少受其影响。

图11-1　新古典主义风格的建筑设计

图11-2 新古典主义风格的室内设计

图11-3 柏林宫廷剧院

图11-4 柏林老博物馆

18 世纪末—19 世纪初法国是古典主义运动的中心。法国大革命前后，法国建造了一大批古典复兴建筑，如巴黎的万神庙，还出现了企图革新建筑的先驱，如部雷和勒杜（设计了巴黎万神庙）。在拿破仑帝国时代，巴黎建造了许多国家级纪念性建筑，如巴黎凯旋门、马德兰大教堂等。这些建筑追求外观上的雄伟、壮丽，内部吸取东方的各种装饰或洛可可手法，形成了所谓的“帝国式”风格。

英国的罗马式样复兴建筑不活跃，代表作品为英格兰银行。希腊式样复兴建筑在英国占有重要的地位，代表作有爱丁堡中学、不列颠博物馆等。

德国以希腊式样复兴为主，代表作有柏林勃兰登堡门（建于 1789—1793 年）、由克尔设计的柏林宫廷剧院（建于 1818—1821 年，图 11-3）、柏林老博物馆（建于 1824—1828 年，图 11-4）等。柏林勃兰登堡门是从雅典卫城山门汲取的灵感。

新古典主义建筑在协调人与人之间、人与社会之间的关系和改善建筑的亲和力方面，为新时代提供了一种新的价值，也为以后的后现代主义建筑提供了有益的经验。因此，这种设计风格自此占据欧洲家居设计流派中的重要地位，至今仍然长盛不衰。

## 二、浪漫主义

18 世纪下半叶—19 世纪末期，在文学艺术的浪漫主义思潮的影响下，欧美一些国家开始流行一种被称为浪漫主义的建筑设计风格。浪漫主义思潮在建筑设计上表现为强调个性，提倡自然主义，主张运用中世纪的设计风格对抗学院派的古典主义，追求超凡脱俗的趣味和异国情调。18 世纪 60 年代—19 世纪 30 年代是浪漫主义建筑设计发展的第一阶段，又称先浪漫主义，在此阶段出现了中世纪城堡式的府邸及东方式的建筑小品。19 世纪 30—70 年代是浪漫主义发展的第二阶段，这一时期浪漫主义已经发展成为一种建筑设计潮流，又因追求中世纪的哥特式建筑设计风格而被称为哥特复兴式建筑。

先浪漫主义在建筑上表现为模仿中世纪的寨

堡，追求非凡的趣味和异国情调，甚至在园林中出现东方建筑小品，代表作为埃尔郡克尔辛府邸（建于 1777—1790 年，图 11-5）。

图11-5　埃尔郡克尔辛府邸

英国布莱顿皇家别墅（建于 1818—1821 年）模仿印度伊斯兰教礼拜寺的形式，属于浪漫主义的第二个阶段，是浪漫主义真正成为一种创作潮流的时期，以哥特风格为主。最著名的作品是英国议会大厦（图 11-6），其采用的是亨利第五时期的哥特垂直式。

图11-6　英国议会大厦

## 三、折中主义

折中主义是 19 世纪上半叶兴起的一种创作思潮。折中主义任意选择与模仿历史上的各种风格，把它们组合成各种式样，又称为“集仿主义”。折中主义建筑并没有固定的风格，它结构复杂，但讲究比例权衡的推敲，常沉醉于对“纯形式”美的追求。19 世纪中叶的法国是折中主义建筑设计的集合地，巴黎高等艺术学院是当时传播折中主义设计和建筑艺术的中心，19 世纪末—20 世纪初，则以美国最为突出。

折中主义建筑设计师任意模仿历史上各种建筑设计风格或自由组合各种建筑形式，不刻意追求固定的设计法则与形制，只专注比例均衡与纯粹的形式美。巴黎歌剧院是法兰西第二帝国时期的重要纪念建筑，其立面效仿意大利晚期巴洛克式的建筑设计风格，并加入了烦琐的雕饰（图 11-7 ~ 图 11-10）；巴黎圣心教堂高耸的大穹顶和厚实的墙体兼具罗马式与拜占庭式的设计风格（图 11-11、图 11-12）；芝加哥的哥伦比亚博览会建筑则是模仿意大利文艺复兴时期威尼斯建筑的设计风格。

折中主义建筑设计风格对欧美各国的建筑设计产生了一定影响，但从另一个角度来看，折中主义建筑设计师没有利用当时新的建筑材料和技术去设计与之相适应的新型建筑形式，所以说折中主义建筑设计思潮是比较保守的。

图11-7　巴黎歌剧院外观

图11-8　巴黎歌剧院楼梯

图11-9　巴黎歌剧院内部

图11-11　巴黎圣心教堂外观

图11-10　巴黎歌剧院顶部

图11-12　巴黎圣心教堂内部

## 第二节 英国的建筑

19 世纪 50—70 年代是英国自由贸易资本主义发展的鼎盛时期，英国成为世界上第一个工业强国，伦敦成为国际金融与贸易中心。工业大生产带来了新的材料与新的技术，进而推动了新建筑设计思潮的发展。

1851 年帕克斯顿设计的英国伦敦世界博览会“水晶宫”展览馆，开辟了建筑设计形式的新纪元。但是，这段时期英国城市建筑设计的主要潮流仍然是古典复兴，如巴斯城和英格兰银行（图 11-13）的兴建就是对古罗马式建筑设计风格的复兴，而伦敦的不列颠博物馆（图 11-14、图 11-15）和苏格兰的爱丁堡则是古希腊式设计风格复兴的重要作品。

图11-13 英格兰银行

图11-14 伦敦的不列颠博物馆外观

图11-15 伦敦不列颠博物馆内部

18 世纪 70 年代—19 世纪 30 年代，在庄园府邸建筑中盛行浪漫主义，推崇意大利文艺复兴柱式规范和构图原则，追求豪华、雄伟、盛气凌人的设计风格。19 世纪 30—70 年代是英国浪漫主义建筑设计风格的极盛时期，以英国议会大厦为主要代表，其又称为威斯敏斯特宫，采用的是哥特式建筑设计风格，在英国建筑设计史上占有重要地位，于 1987 年被列为世界文化遗产。

## 第三节 法国的建筑

在启蒙思想和英国资产阶级革命的推动下，法国大革命爆发，法国资产阶级开始了与封建势力的反复较量，直至 19 世纪 80 年代，工业资产阶级长期追求的共和制才真正确立。受到社会大环境的影响，法国相继成为欧洲新古典主义和折中主义建筑设计的活动中心，巴黎万神庙（图 11-16、图 11-17）就是法国大革命时期典型的古典式建筑。该建筑宽 83 m，进深 110 m，如不计入正面的门厅部分，基本为希腊十字形平面。建筑设计为砖、石、拱、穹顶及木材相结合的结构，建筑外观直接反映了古希腊式的十字形平面，建筑内部的巨型科林斯柱及壁柱、圆拱、穹顶、大型壁画和雕塑则传承了古罗马万神庙高亢向上的空间精神。

拿破仑帝国时代在巴黎也兴建了许多古典式的纪念性建筑，如巴黎凯旋门（图 11-18）和马德兰大教堂（图 11-19、图 11-20）等都是古罗马式建筑设计风格的翻版。

图11-16 巴黎万神庙外观

图11-17　巴黎万神庙内部

图11-18　法国巴黎凯旋门

图11-19　马德兰大教堂外观

图11-20　马德兰大教堂内部

同时，资产阶级宣扬的启蒙思潮也对法国建筑设计理论造成了一定的影响，启蒙主义传播唯物主义和科学观念，认为合乎理性的社会是法律面前人人平等，在建筑设计上表现为批判的理论。以布雷等为代表的激进建筑师力求标新立异，表现了亢奋、狂热的激情和轩昂的英雄主义。布雷以画家的眼光去对待建筑，从根本上将建筑当成绘画和造型的艺术，追求自然的、诗意的建筑表现方式，他对城市建筑设计的贡献就在于他在“宏大”和“美”之间画了等号。

## 第四节　美国的建筑

由于长时期的殖民关系，英国文化极大地影响了美国，同时由于世界各民族的后裔相继移民，致使异族文化与美国本土文化得到了充分的交汇与融合。因此可以说，美国建筑设计风格实质上是一种混合风格。与欧洲建筑设计风格的逐步演变发展不同，美国在同一时期接受了多种成熟的建筑设计风格，呈现出多元化与国际化的发展趋向。美国独立以前，建筑造型多采用欧洲样式，英国和法国的建筑对北美住宅设计的影响最大，北美地区的西班牙殖民地建筑对其也产生了一定的影响；独立以后，为了突出表现民主、自由、光荣和独立，美国开始参照古希腊与古罗马的古典设计形式，普遍流行新古典主义的设计风格（图 11-21 ~ 图 11-24）。

图11-21　美国华盛顿的老建筑

图11-22　美国西班牙风格的建筑设计

图11-23　美国西班牙风格的室内设计

图11-24　美国华盛顿白宫

## 第五节　欧洲其他国家的建筑

18 世纪下半叶—19 世纪，欧洲经济的地区差异显然比政治和社会的差异要大，西欧明显比中东欧先进，这一时期的东南欧仍然是基督教和伊斯兰教之间的矛盾焦点，东北欧的丹麦和挪威等国先后接受法国启蒙运动思潮，积极推行了一系列改革。

19 世纪 30—40 年代，在俄国贵族资产阶级和自由主义知识分子中形成了两大派系，其中的西化派对西欧文明成果持肯定态度，于是在众多的俄罗斯建筑中出现了西欧古典主义设计风格的建筑。巴热诺夫是俄罗斯古典主义建筑设计的创始人之一，他为莫斯科设计了帕什科夫宫（今莫斯科列宁图书馆旧馆）；另一位创始人卡扎科夫设计了克里姆林宫的枢密院（今俄罗斯部长会议所在地）和莫斯科大学等建筑，古典主义建筑设计风格一直影响到十月革命后的苏联建筑。除此之外，巴洛克、洛可可和浪漫主义对 18—19 世纪的俄罗斯建筑也产生了一定影响，拉斯特雷利将洛可可轻盈精致的设计手法运用到一系列建筑中，巴热诺夫为莫斯科设计的宫殿园林则富有浪漫主义情趣。随着工业和技术的发展，从 19 世纪下半叶开始，多种风格相融合的设计手法在俄罗斯建筑中占据主要地位，卡·托恩创建的俄罗斯拜占庭样式就是典型的折中主义设计风格，同时还兴起了效仿古俄罗斯民间建筑的风气，在城镇设计建造了一批木结构的私邸别墅，有的建筑师（如加尔特曼）甚至采用民间刺绣和木刻图案来装饰建筑，使俄罗斯建筑呈现出鲜明的本土设计特征。

德国先后经历了罗马式、哥特式、巴洛克及洛可可文化的洗礼，在 18 世纪下半叶和 19 世纪发展为古典主义，当时人们受启蒙运动思潮的影响，崇尚古希腊、古罗马文化，在德国的博物馆、剧院等公共建筑和一些纪念性建筑上，古希腊与古罗马的柱廊、庙宇、凯旋门和纪功柱成为效法的设计样本，如柏林的勃兰登堡门（图 11-25）就是以雅典卫城的山门为蓝本设计的。

图11-25　柏林的勃兰登堡门

西班牙在以往的千余年间不断遭受外族入侵，因此在建筑上形成了少有的折中主义设计特征，早期基督教风格、罗马式风格、哥特式风格、摩尔人风格、穆达哈风格等都被西班牙相继沿袭，而其本土设计文化总是受到各种不同程度的侵蚀。18 世纪的君主王位继承战争再一次使西班牙陷入混杂状态。随着 19 世纪法国拿破仑的入侵，欧洲当时流行的新哥特式风格和古典主义很快受到西班牙当局的青睐，而法国新古典主义则被西班牙强行引入。19 世纪上半叶，一批西班牙诗人开创了一种新的文化运动，称为卡塔兰文化复兴，这一运动完全改变了西班牙建筑的面貌，并成为西班牙现代建筑设计的前奏。

北欧包括丹麦、瑞典、挪威、芬兰等国，芬兰自 17 世纪开始全面接受欧洲文艺复兴的文化，其城堡建筑主要受到法国新古典主义的影响，并将新古典主义因素发展成为住宅、市政厅及宗教建筑的基础。19 世纪初，瑞典新古典主义建筑给芬兰带来了新的设计风格，以瑞典建筑师 C・C・吉奥尔韦尔设计的图尔库大学（图 11-26）为代表。拿破仑战争结束后，芬兰成为俄国属下的大公国，赫尔辛基成为新的艺术中心，涌现出了 C・L・恩盖尔、G・T・谢维茨及 F・A・斯约斯特罗姆等一批著名建筑设计师。与此同时，挪威出现了大量的巴洛克建筑，以 J・A・斯图肯布罗克设计建造的孔斯贝格教堂和 J・J・雷什博伦设计的卑尔根尼基尔克新教教堂（约 1756—1763 年）为典型代表。新古典主义风格和浪漫主义风格在大规模的市政建设工程中也随之逐渐盛行。新古典主义风格最典型的代表是由林斯托夫设计的皇宫（1848 年）和由 C・H・格罗什设计的奥斯陆大学（图 11-27）；浪漫主义风格的典范则是由 J・H・内贝隆设计的环绕奥斯陆巴萨利恩主教堂的奥斯卡沙尔宫，其新哥特式设计风格也随之在整个北欧地区广泛流行。

图11-26　芬兰图尔库大学

图11-27　挪威奥斯陆大学

## 第六节 小结

随着资产阶级革命和工业革命的开展，19 世纪中期，北欧、中欧和东欧诸国相继步入资本主义发展时期，南欧国家发展相对缓慢，以英国为首的西欧国家则确立了在欧美乃至世界范围内经济与文化上的领先地位。欧洲资本主义列强的殖民属国遍布各大洲，对世界经济和人文地理产生了极为深刻的影响。社会生产力的飞速发展推动了交通运输、出版、考古科学及摄影等领域的进步，使人们得以进一步发掘出以往各个时代和地区的建筑遗产，进而引发崇尚古典艺术的普遍设计思潮。同时，由于启蒙运动与民主思潮的广泛传播，建筑领域出现了新古典主义、浪漫主义和折中主义等多种设计思潮，影响范围波及整个欧洲和北美地区，为后来欧美建筑设计的多元化发展铺平了道路。

### 思考题

1. 试述18—19世纪欧美各国的社会状态及主要建筑设计特征。
2. 什么是新古典主义？新古典主义建筑风格是什么？
3. 什么是浪漫主义建筑风格？
4. 什么是折中主义建筑风格？
5. 简述美国建筑的产生背景及影响。

欧洲的三大主义

# 第十二章 欧美近现代建筑（20世纪以来）

## 第一节 新建筑的探索——现代建筑形成与发展时期

19 世纪末 20 世纪初，以西欧国家为首的欧美社会出现了一场以反传统为主要特征的、广泛突变的文化革新运动，这场狂热的革新浪潮席卷了文化与艺术的方方面面，其中哲学、美术、雕塑和机器美学等方面的变迁对建筑设计的发展产生了深远的影响。20 世纪是欧美各国进行新建筑探索的时期，也是现代建筑设计的形成与发展时期，社会文化的剧烈变迁为建筑设计的全面革新创造了条件。一方面，工业化大生产带来了新的材料与技术，促使设计师进一步探索新的建筑设计形式。1850 年，法国建筑师拉布鲁斯特在巴黎圣日内维埃夫图书馆的拱顶成功运用了交错的钢筋和混凝土，为近代钢筋混凝土材料的发展奠定了基础。1890 年以后，钢筋混凝土材料在建筑中得到了广泛运用，法国建筑师包杜设计的巴黎蒙玛尔特教堂（图 12-1）是第一个使用钢筋混凝土框架结构建造的教堂。1910 年，瑞士工程师马亚在苏黎世建造了第一座无梁楼盖仓库。最值得一提的是，1889 年巴黎世界博览会的埃菲尔铁塔（图 12-2）和机械馆，创造了当时世界最高（328 m）和最大跨度（115 m）的新纪录，埃菲尔铁塔更是世界上第一座钢铁结构的高塔，至今仍被视为巴黎的象征。另一方面，工业革命导致人口剧增与环境恶化，迫使各国建筑师不断开展新的设计探索。1928 年，国际现代建筑协会（CIAM）在瑞士成立，1933 年召开的雅典会议专门研究现代城市建设问题，提出了名为“雅典宪章”的城市规划大纲，要求制定科学的城市总体规划，因此涌现出了欧斯曼的法国巴黎改建、埃比尼泽・霍华德的英国花园城市和法国建筑师托尼・嘎涅的工业城市等有益的设计成果。

概括地说，19 世纪末—20 世纪中期的欧美新派建筑师向传统建筑观念发动了一次又一次的冲击，促使建筑设计思潮呈现出多样并存的局面，从而推动了建筑设计向追求标新立异的趋势发展，也为后来的建筑变革奠定了广泛的基础，因此被称为“新建筑运动”。

图12-1　巴黎蒙玛尔特教堂

图12-2　巴黎埃菲尔铁塔

## 一、工艺美术运动

工艺美术运动是 19 世纪下半叶起源于英国的一场设计改良运动，是英国小资产阶级浪漫主义思想的反映，其产生受到了艺术评论家约翰・拉斯金和建筑设计师普金等人的观念的影响，其实质是针对建筑设计、装饰艺术和室内陈设品因为工业革命的批量生产所导致的设计水平下降而开展的一场设计改良运动。

工艺美术运动的主要成员是威廉・莫里斯、埃德温・鲁琴斯、C・F・A・沃塞和拉菲尔前派等，以魏布设计的莫里斯红屋和美国甘布尔兄弟设计的甘布尔住宅为工艺美术运动建筑设计的主要代表（图 12-3、图 12-4）。

图12-3　莫里斯红屋

图12-4　甘布尔住宅

与此同时，英国工艺美术运动所提出的“工艺技术的高低能够直接影响设计”的理念在美国也得到了广泛传播，弗兰克・劳埃德・赖特在美国芝加哥学派的基础上融合了浪漫主义精神，着重强调材料处理简单化和突出自然本色的设计观念，创造了富有田园情趣的草原式住宅，后来发展为“有机建筑论”。赖特设计的草原式住宅、流水别墅（图 12-5、图 12-6）和约翰逊公司总部等都是世界建筑设计史上的典范。

图12-5 美国匹兹堡市郊的流水别墅外观

图12-6 美国匹兹堡市郊的流水别墅内部

工艺美术运动遵循拉斯金的理论，主张在设计上回归中世纪的传统，恢复手工艺行会传统，主张设计的真实、诚挚，形式与功能的统一，主张设计装饰从自然形态吸取营养。他们的目的是诚实的艺术，在建筑上主张建造田园式住宅来摆脱古典建筑形式。

## 二、新艺术运动

新艺术运动是 19 世纪末 20 世纪初在欧美产生和发展的一次影响面较大的装饰艺术活动，这次运动在建筑设计和室内装饰方面延续和发展了工艺美术运动的自然植物造型，并热衷于创造一种前所未有的、能适应工业时代精神的简化装饰，以新材料构件、机器制造外观和抽象的纯粹设计手法取代旧式结构的图案，崇尚热烈而旺盛的自然活力，主张运用高度程序化的海藻、草、昆虫等自然元素作为创作灵感和扩充造型素材的资源，尝试通过各式曲线造型柔化建筑内外冷硬的新型金属材料构件，解决建筑功能与形式的矛盾，从而展示建筑结构的艺术韵律。

新艺术派建筑是努力将工业技术与艺术美学相融合的一次设计探索，以比利时建筑师维克多·霍尔塔设计的布鲁塞尔让松街 6 号住宅、索尔维饭店（图 12-7、图 12-8）和西班牙建筑师安东尼·高迪设计的巴塞罗那米拉公寓（图 12-9）、巴塞罗那圣家族教堂（图 12-10）、巴特罗公寓（图 12-11）等为经典范例。其中，安东尼·高迪设计的米拉公寓共 6 层（含屋顶层），整体造型类似一座被海水长期侵蚀后满布风化孔洞的岩体，建筑外墙面凹凸不平，类似波涛汹涌的海面，屋檐和屋脊高低错落形成蛇形曲线状，阳台栏杆由扭曲迂回的铁条和铁板构成，室内墙线曲折弯扭形成不规则的平面形状。这些建筑上表现的自由流动的线条、具有旺盛生命力的自然形象及充满活力的有机形式共同组成了新艺术运动最为重要的建筑设计语言。

除此之外，新艺术运动十分强调整体艺术环境，即人类视觉环境中的任何人为因素都应精心设计，以获得完整和谐的艺术效果，这意味着无论是在建筑风格、室内设计、家具和织物设计、器皿和艺术品、灯具等方面，都实施了一个风格统一的设计尺度，致使新艺术运动被视为 20 世纪文化运动中最有创新力的先行者。

图12-7　布鲁塞尔索尔维饭店内部

图12-9　巴塞罗那米拉公寓

图12-8　布鲁塞尔埃塞尔饭店楼梯间

图12-10　巴塞罗那圣家族教堂

图12-11　巴塞罗那巴特罗公寓

## 三、维也纳分离派

19 世纪 90 年代末，受新艺术运动的影响，在奥地利的维也纳形成了以瓦格纳为代表人物的建筑家集团，他们主张建筑形式应是对材料、结构与功能的合乎逻辑地表述，反对历史样式在建筑上的重演，这就是维也纳学派。该学派的代表作品是瓦格纳设计的维也纳邮政储蓄银行（图 12-12）。

图12-12　维也纳邮政储蓄银行

维也纳邮政储蓄银行建于 20 世纪初，具有开创性。它高 6 层，立面对称，墙面划分严整，仍然带有文艺复兴式建筑的敦实风貌，但细部处理新颖，表面的大理石贴面板用铝制螺栓固定，螺帽直接露在外面，产生了奇特的装饰效果。银行内部营业大厅做成满堂玻璃天花，由细窄的金属框格与大块玻璃组成。两行钢铁内柱上粗下细，柱上铆钉也袒露出来。大厅白净、简洁、新颖。

瓦格纳思想与维也纳一批前卫艺术家和建筑家不谋而合，他们成立了“分离派”，主张造型简洁和集中装饰，不同于新艺术运动的装饰主题，用直线和大片光墙面以及简单的几何形体，使建筑走向简洁的道路。维也纳建筑师路斯认为，“建筑不是依靠装饰，而是以形式自身之美为美”。他反对把建筑列入艺术范畴，主张建筑以实用为主，甚至认为“装饰是罪恶”，强调建筑的设计比例（图 12-13、图 12-14）。

图12-13　维也纳史坦纳住宅

图12-14　鲁斯之家

维也纳分离派的设计观念致使其作品不但具有鲜明的独创性和强烈的感染力，甚至初具 19 世纪 20 年代“方盒子建筑”的雏形，其代表性的设计作品有维也纳分离派展览馆、维也纳米歇尔广场及史丹夫教堂等（图 12-15 ~ 图 12-17）。

图12-15　维也纳分离派展览馆

图12-16　维也纳米歇尔广场

图12-17　史丹夫教堂外观

## 四、德意志制造联盟

在德国建筑师穆台休斯的倡导下，1907年德国成立了企业家、工程技术人员、艺术家参加的全国性的组织“德意志制造联盟”，其宗旨是促进企业界与设计师之间的交流以推动设计改革，目标是通过改进设计以提高产品和建筑的质量，肯定标准化和机器大批量生产的方式，主张设计的任务是将标准化的定形做到尽善尽美。

德意志制造联盟以彼得·贝伦斯为主要代表，设计了德国通用电气公司的透平机制造车间（柏林）等一大批工业建筑，成为现代建筑的里程碑（图12-18、图12-19）。德意志制造联盟在第一次世界大战前后的活动对欧洲产生了广泛影响，培养和影响了一批年轻的建筑设计师，其中包括后来的现代建筑大师沃尔特·格罗皮乌斯和密斯·凡·德·罗，格罗皮乌斯设计的德意志制造联盟展览会办公楼（科隆）也是这一时期的代表作品。

图12-18　德国通用电气公司的厂房建筑外观

图12-19　德国通用电气公司的厂房建筑车间

德意志制造联盟及相关建筑师的探索活动为20世纪20年代的建筑设计改革奠定了基础，在两次世界大战期间，德国的建筑设计活动引起了更为广泛的、具有世界历史意义的反响，德意志制造联盟的设计宗旨至今仍然影响着德国建筑业的发展。

## 五、现代主义建筑设计思潮

现代主义建筑设计思潮产生于19世纪晚期的欧洲，成熟于20世纪20年代，于20世纪50—60年代风靡全世界。现代主义建筑设计思潮首先是在实用为主的工厂厂房、中小学校校舍、医院、图书馆及大批量建造的住宅建筑中得到推行，20世纪50年代以后，在纪念性和国家性的建筑中也陆续得到体现，如联合国总部大厦和巴西议会大厦。

1919年，德国建筑师格罗皮乌斯担任包豪斯校长，促使包豪斯成为欧洲最激进的艺术和建筑中心之一，直接推动了建筑设计的革新运动。其中影响较大的有沃尔特·格罗皮乌斯设计的包豪斯校舍、密斯·凡·德·罗设计的巴塞罗那博览会德国馆，以及勒·柯布西耶设计的萨伏伊别墅、巴黎瑞士学生宿舍和日内瓦国际联盟大厦方案等，他们的现代建筑设计成果直接影响了整个欧洲甚至北美地区的新型建筑探索如图 12-20 ~ 图 12-23 所示。1927 年，在密斯·凡·德·罗的主持下，德国斯图加特市举办了住宅展览会，对新型住宅建筑设计的研究和风格的形成都产生了很大影响。

图12-20　德国包豪斯校舍

图12-21　捷克图根哈特别墅

图12-22　萨伏伊别墅外观

图12-23　萨伏伊别墅内部

20 世纪 30 年代，现代主义建筑设计思潮从西欧向世界其他地区迅速传播，由于德国法西斯政权敌视新的建筑设计观点，包豪斯学校被查封，沃尔特·格罗皮乌斯和密斯·凡·德·罗先后被迫迁居美国，促使包豪斯的教学内容和设计思想对美国的建筑教育产生了深刻影响。20 世纪中期，现代主义在世界建筑设计思潮中占据了主导地位。

## 六、芝加哥学派

芝加哥学派是美国最早的建筑流派，是现代建筑在美国的奠基者。芝加哥学派的产生源于 1871 年芝加哥城大火，城市中的大批木材建筑都覆没在这场大火中，城市也因此重建。为了节省土地，政府迫使建筑师在设计中增高楼层，扩展空间。这样，现代的高层建筑开始在芝加哥出现。当时的芝加哥设计师从中创立了趋向于简洁独创的风格流派，这就是芝加哥学派。

芝加哥学派明确了功能与形式的主从关系，希望使建筑摆脱华而不实的羁绊，主张经典与时代结合的建筑设计。芝加哥学派的鼎盛时期是 1883—1893 年。其创始人是工程师威廉·勒巴隆·詹尼，他设计的芝加哥家庭保险大楼高 42 m，共 10 层，被视为世界第一幢摩天建筑。以沙利文为中坚支柱的芝加哥学派提出了“形式追随功能”的口号，积极采用新材料、新结构和新技术，着重解决新高层商业建筑的功能需求，净化和简化了建筑的立面造型，增加了室内的光线和通风，高层金属框架、横向大窗与简单的箱体立面成为芝加哥学派最显著的设计特点，以芝加哥的施莱辛格与迈耶百货公司大厦和C.P.S.芝加哥百货公司大厦等为代表作品，但由于当时传统设计观念在美国仍然占据主导地位，导致这一时期的芝加哥学派如昙花一现。

## 七、北欧的现代建筑探索

20世纪初，北欧国家在英国新艺术运动的影响下普遍盛行浪漫主义，以哥本哈根市政厅（图12-24）和斯德哥尔摩市政厅（图12-25、图12-26）为代表，汲取了西欧和南欧建筑的设计特点，并融合了当地传统的装饰手法，呈现出体形简洁严谨、尺度比例匀称、细部修饰精致及富有文化气息的设计特点。随着欧洲大陆现代主义建筑的崛起，北欧国家又流行起新古典主义建筑，以斯德哥尔摩市图书馆（图12-27、图12-28）和芬兰国会大厦（图12-29）为典型代表。1930年建造的斯德哥尔摩博览会建筑是北欧现代建筑设计的转折点，对北欧现代建筑的发展起了巨大的推动作用，形成了以瑞典建筑师阿斯普伦德为首的功能主义流派。他们极力宣扬社会改良，呼吁解决住房困难和推广新材料的问题。另外，芬兰建筑师阿尔瓦·阿尔托也是北欧现代建筑设计的主要代表人物，由他设计的维堡图书馆和帕伊米奥结核病疗养院（图12-30）都表现出了很高的设计水准。20世纪50年代后期，阿尔瓦·阿尔托设计的赫尔辛基文化之家和芬兰技术大学主楼集合了北欧各国建筑之长，通过对建筑空间、材料和光影的感性与理性处理，充分展示了北欧建筑的人性化与亲和力。

图12-24　哥本哈根市政厅

图12-25　斯德哥尔摩市政厅外观

图12-26　斯德哥尔摩市政厅内部

图12-27　斯德哥尔摩市图书馆外观

图12-28 斯德哥尔摩市图书馆内部

图12-29 芬兰国会大厦

图12-30 帕伊米奥结核病疗养院（1929—1933年）

总的来说，北欧现代建筑设计自20世纪30年代起，沿着从功能主义到有机表现主义的道路向前发展，对新技术与新材料的运用打破了北欧旧式建筑的厚重封闭感，倡导利用设计来表现建筑造型的简洁明快及材料质感，这一时期的北欧建筑师在保持民族传统和地区特色的基础上逐步探索出了多元化的发展道路。

## 八、其他革新派的建筑设计探索

### 1．表现派

20世纪初期，在德国、奥地利首先产生了表现主义的绘画、音乐和戏剧，在这种艺术观点的影响下，第一次世界大战后出现了一些表现派的建筑，具体表现为惯用奇特而夸张的建筑形体来表达某种思想情绪，象征某种时代精神，以德国建筑师门德尔松设计的德国波茨坦市爱因斯坦天文台为代表（图12-31）。荷兰表现派的住宅建筑甚至把外观处理得使人能够联想起荷兰人的传统服饰。表现派建筑师主张革新，反对复古，但他们是以一种新的表面处理手法替代旧的建筑形式，并不是建筑技术与功能上的实质性变革，因此很快就消失了。

图12-31 德国波茨坦市爱因斯坦天文台

### 2．未来主义派

第一次世界大战前几年，意大利出现了一种名为“未来主义”的社会思潮，意大利诗人、作家兼文艺评论家马里内蒂于1909年2月在《费加罗报》上发表《未来主义的创立和宣言》，标志着未来主义的诞生。1914年7月，意大利青年建筑师圣伊里亚随之发表《未来主义建筑宣言》，激烈地批判复古主义，认为历史上建筑风格的更迭变化只是形式的改变，宣扬各种机器的威力，主张创造全新的未来艺术。未来主义派无实际的建筑作品，但他们的观点以及对建筑形式的设想对于20世纪20—30年代以及第二次世界大战以后的先锋派建筑师产生了较大的影响。

3．风格派

1917 年，荷兰的青年艺术家组成了一个名为“风格派”的造型艺术团体，主要成员有画家蒙德里安、雕刻家万顿吉罗、建筑师奥德与里特·维德等，以里特·维德设计的乌德勒支的施罗德住宅（图 12-32）等为代表作品。风格派认为最好的艺术就是基本几何形体要素的组合与构图，因此风格派又被称为“新造型派”或“要素派”。

图12-32　乌德勒支的施罗德住宅

4．构成派

第一次世界大战前后，俄国青年艺术家将抽象几何形体与线条组成的空间当作绘画和雕刻的内容，这一派别被称为“构成派”。与风格派相同的是，构成派也热衷于几何形体、空间和色彩的构图效果，以塔特林设计的第三国际纪念碑和维斯宁兄弟设计的列宁格勒真理报馆方案为典型代表。

## 第二节　第二次世界大战后建筑设计的主要思潮

“涵盖所有 20 世纪建筑的当代建筑设计思潮不能再以线性的方式加以阅读，相反，当代建筑本身呈现的是一种多元的、多重形式的复合的经验。”——曼弗雷多·塔夫里

20 世纪上半叶，欧洲先后成为两次世界大战的主要策源地，由于战争造成的破坏，住宅问题变成首要问题，发展新的集合住宅形式成为当时最迫切的事情，社会呼吁建筑师共同为基本需求而设计。1953 年，在普罗旺斯召开的现代建筑国际会议再次就集合住宅设计议题展开探索，史密森夫妇主张将个体放在适合居住空间组织的中心位置，法国思想家让·保罗·萨特也呼吁建筑应以居住者为主体考虑其尺度设计。1959 年召开现代建筑国际会议时，代表年轻一代的范艾克、史密森夫妇与代表年老一代的格罗皮乌斯、勒·柯布西耶之间引发了内部的争论，机械论的设计思潮（构成主义、柯布西耶式等）与有机论的阵营（赖特式、阿尔托式等）壁垒分明。与此同时，又出现了将有机论与人本主义相结合的二元化观点，阿尔瓦·阿尔托认为“有机论就是人本主义”，“自然并不是建筑，而是创造能与人及人性尺度产生共鸣的建筑所依循的模型”（图 12-33 ~ 图 12-35）。

图12-33　德国柏林新国家美术馆

图12-34　赫尔辛基芬兰大厦内部

图12-35 赫尔辛基芬兰大厦外观

20世纪60年代以来，由于生产的急速发展和生活水平的提高，人们的意识日益受到机械化大批量与程式化生产的冲击，社会整体文化逐渐趋向于标榜个性与自我回归意识，一场所谓的“后现代主义”社会思潮在欧美社会文化与艺术领域产生并蔓延。美国建筑师文丘里认为“创新可能就意味着从旧的东西中挑挑拣拣”“赞成二元论”“容许违反前提的推理”，文丘里设计的建筑总会以一种和谐的方式与当地环境相得益彰（图12-36）。美国建筑师罗伯特·斯特恩则明确提出后现代主义建筑采用装饰、具有象征性与隐喻性、与现有整体环境融合的三个设计特征（图12-37、图12-38）。在后现代主义的建筑中，建筑师拼凑、混合、折衷了各种不同形式和风格的设计元素，因此出现了所谓的新理性派、新乡土派、高技派、粗野主义、解构主义、极少主义、生态主义和波普主义等众多设计风格。

图12-36 宾夕法尼亚州区文丘里住宅

图12-37 欧洲迪斯尼纽波特海湾俱乐部外观

图12-38 欧洲迪斯尼纽波特海湾俱乐部内部

## 一、新理性主义

理性主义建筑形成于两次世界大战之间的以格罗皮乌斯为主的包豪斯学派和以勒·柯布西耶等为代表的欧洲“现代主义建筑”，理性主义与现代建筑的主导思想完全一致，它强调功能，同时又强调理性在建筑中的地方，所以称之为理性主义。新理性主义建筑源自20世纪60年代的意大利，又称坦丹萨学派，是从《城市建筑》（阿尔多·罗西，1966年）和《建筑的逻辑结构》（G·格拉西，

1969 年）这两本特别具有创新意义的著作发起的，基本上承袭了理性主义的设计特征，主要成员包括C·艾莫尼诺、G·格拉西、阿尔多·罗西、卢森堡的R·克里尔和L·克里尔等。其中，阿尔多·罗西对新理性主义的发展起到了至关重要的作用（图 12-39），克里尔兄弟则在类型学的基础上建立了一整套有关城市形态学方面的理论。新理性主义和后现代主义同时诞生在 20 世纪 60 年代，都针对已逐渐教条和僵化的“现代主义”提出质疑和修正，而且同样主张回到传统中去学习。新理性主义与后现代主义共同构成了 20 世纪中期以来世界建筑设计思潮的两大倾向。

图12-39　意大利佩鲁贾社区中心

## 二、新乡土派

20 世纪 60 年代以后，现代主义风格的国际化越来越受到反对与批判，人们开始对原始的手工艺品和地方文化特色艺术表现出浓厚的兴趣，新乡土派受到英国“工艺美术运动”思潮的影响，强调建筑的自由构思与地方特色相结合以适应各地区民族生活习惯，室内装饰材料通常为木材（原木）、毛石、竹艺、手工艺品、植物、花卉以及粗织物、铁花铸件、野兽头骨等，追求一种原创的艺术氛围，专注于营造悠闲、舒畅、具有自然情趣的居住空间。

新乡土派继承了芬兰建筑师阿尔瓦·阿尔托的主张并加以发展，这种设计思潮不仅在芬兰继续传播，而且在 20 世纪 70 年代以后广泛影响了英、美、日等国以及第三世界国家。这种风格既区别于古典式样，又极具亲和力，曾经在英国的住宅建筑上风靡一时，以阿尔瓦·阿尔托设计的奥尔夫斯贝格文化中心（图 12-40）和日本建筑师丹下健三设计的香川县厅舍、仓敷县厅舍为典型代表。

图12-40　奥尔夫斯贝格文化中心

## 三、高技派

高技派是 20 世纪 50 年代以后兴起的在建筑造型与风格上注重高度工业技术的设计倾向，又称“重技派”。高技派在理论上极力宣扬机器美学和新技术的美感，提倡采用高强钢、硬铝、塑料和各种化学制品等最新型材料来制造体量轻、用料少、能够快速灵活装配的建筑，强调系统设计和参数设计，主张使用预制标准化构件装配成大型的、多层和高层的“巨型结构”。1958 年巴黎的国家工业与技术中心的陈列大厅，达到跨度之最和薄壳之最。蓬皮杜国家艺术与文化中心开创了文化建筑新形式（图 12-41）。另外，由英国著名建筑师诺曼·福斯特设计的中国香港汇丰银行大厦（图 12-42），整个地上建筑用 4 个构架支撑，每个构架包含两根桅杆，分别在 5 个楼层支撑悬吊式桁架。桁架所形成的双高度空间，成为每一群楼层的焦点，同时还包含了流通和社交的空间。每根桅杆由 4 根钢管组合而成，在每层楼使用矩形托梁相互连接。这种布局使桅杆达到了最大承载力，同时把桅杆的平面面积降到最小。

高技派在审美观念方面强调新时代的建筑美学与技术因素之间的紧密关联，他们力求使高度工业技术接近人们习惯的生活方式和传统的美学观，以使人们容易接受并产生愉悦。

图12-41　巴黎蓬皮杜国家艺术与文化中心

图12-42　中国香港汇丰银行大厦

## 四、粗野主义

粗野主义是20世纪50年代下半叶—60年代中流行的一种建筑设计倾向，又称蛮横主义或粗犷主义，这个名称最初是由英国的一对第三代建筑师史密森夫妇提出的。粗野主义由功能主义发展而来，其设计特点是从钢筋混凝土等经济型材料的毛糙、沉重与粗野的质感中寻求形式上的出路。勒·柯布西耶是粗野主义最著名的代表人物，其代表作品有法国巴黎的马赛公寓和印度的昌迪加尔法院，这些建筑使用当时较为少见的混凝土预制板直接连接，预制板不经打磨且没有修饰，甚至还保留安装模板的销钉痕迹（图12-43、图12-44）。

图12-43　巴黎的马赛公寓

图12-44　印度的昌迪加尔法院

受粗野主义影响的还有英国的詹姆斯·斯特林爵士设计的莱汉姆住宅、美国的保罗·鲁道夫设计的耶鲁大学建筑系馆、美国的路易斯·康设计的理查兹医学研究中心（图12-45）。

图12-45 理查兹医学研究中心

图12-46 卫克斯那艺术中心

## 五、解构主义

解构主义建筑冲破千百年来积聚的艺术准则，体现了新的设计理念。一些解构主义的建筑师受到法国哲学家德里达的文字和他解构的想法的影响。在解构主义中，也对其他20世纪运动作另外的参考，如现代主义与后现代主义、表现主义、立体派、简约主义及当代艺术。解构主义的全面尝试，就是让建筑学远离那些实习者所看见的现代主义的束紧规范，譬如“形式跟随功能”“形式的纯度”“材料的真我”和“结构的表达”。

解构主义运动的重要历史事件包括：1982年拉维列特公园的建筑设计比赛，1988年由菲利普·约翰逊和马克·维格利组织的现代艺术博物馆在纽约的解构主义建筑展览，以及1989年年初由彼得·艾森曼设计的俄亥俄州哥伦布市卫克斯那艺术中心（图12-46）等。弗兰克·盖里是当代著名的解构主义建筑大师，以设计具有奇特不规则曲线造型和雕塑般外观的建筑著称，最为著名的设计作品就是西班牙毕尔巴鄂古根海姆博物馆（图12-47～图12-49），其以奇美的造型、特异的结构和崭新的材料令世人瞩目，被媒体界惊呼为“一个奇迹”，称它是“世界上最有意义、最美丽的博物馆”。

图12-47 西班牙毕尔巴鄂古根海姆博物馆外观

图12-48 西班牙毕尔巴鄂古根海姆博物馆局部

## 六、极少主义

极少主义又称ABC艺术或硬边艺术，是20世纪50年代以美国为中心的艺术流派，在建筑设计方面反映为通过减少、否定、净化来摒弃琐碎，去繁从简，以获得最简洁明快的建筑空间，但在简洁的表面下一般都隐藏着复杂精巧的细部结构，总之，极少主义追求的是空间的质量与材料的体现。最早在建筑设计中表现这种简洁倾向并走向极端的建筑师是现代主义建筑运动领袖之一的密斯·凡·德·罗，他所主张的“少就是多”曾一度成为极受推崇的至理名言。20世纪六七十年代，又涌现出一批探索建筑本质和纯净形式的建筑师和一批以简练的形式、纯净的空间和精巧的构造结构为主要表现特征的建筑作品，与20世纪初现代主义运动时期反对装饰、崇尚简化不同的是，这一时期极少主义强调的简化主要是企图通过简约化的设计适应大规模生产要求，达到降低成本的目的。20世纪八九十年代以后的极少主义日渐发展成为一种艺术设计原则和文化上的进步思潮。

法国建筑师多米尼克·佩罗设计的法国国家图书馆（图12-50、图12-51），以简洁而尺度巨大的体量清晰地标志出法国国家图书馆在城市空间中的位置。西班牙建筑师拉斐尔·莫尼奥设计的库塞尔礼堂（图12-52）在膜被表皮的表现上突出了极少主义的设计特点，当

图12-49　西班牙毕尔巴鄂古根海姆博物馆顶部

图12-50　法国国家图书馆外观

图12-51　法国国家图书馆内部

弗兰克·盖里以其极具动感的古根海姆美术馆（1997 年）给毕尔巴鄂带来莫大荣耀的时候，库塞尔礼堂却以极其理性而冷静的巨大方形体量同样成为其所在城市的标志，而它的造价仅仅是古根海姆美术馆的一小部分。

图12-52　库塞尔礼堂（1990年）

## 七、新现代主义

在 20 世纪 70 年代，继续从事现代主义设计的设计家以“纽约五人”为中心，另外还有其他几个独立从事这个工作的设计家，包括美籍华人建筑家贝聿铭、设计洛杉矶太平洋设计中心建筑的西萨·佩利、保尔·鲁道夫和爱德华·巴恩斯等。他们的设计已经不是简单的现代主义重复，而是在现代主义基础上的发展。

其中，贝聿铭设计的华盛顿的国家艺术博物馆东厅（建于 1968—1978 年）、中国香港的中国银行大楼（建于 1982—1989 年）、得克萨斯的达拉斯的莫顿·迈耶逊交响乐中心（建于 1981—1989 年）和法国卢浮宫前的水晶金字塔（建于 1989 年）（图 12-53），都是非常典型的代表作品。这些作品没有烦琐的装饰，从结构上和细节上都遵循了现代主义的功能主义、理性主义基本原则，但是却赋予它们象征主义的内容。例如，水晶金字塔的金字塔结构本身就不仅是功能的需要，而兼有历史性的、文明象征性的含义。

图12-53　水晶金字塔

理查德·迈耶是新现代主义的主要代表设计家。他生于 1934 年，是“纽约五人”设计集团的成员之一。他深受勒·柯布西耶的影响，认为现代主义具有非常完善的理论内核，不是后现代主义能够轻而易举推翻的。他喜欢现代主义大师的理念，特别是柯布西耶的简单格子结构。同时，他采用现代主义的白色为自己的色彩计划中心，极端地发展了这种冷漠的白色方块，并使之成为他的标志。

理查德·迈耶的作品非常多，如法兰克福的装饰艺术博物馆（建于 1979—1985 年）、巴黎的戛纳总部大厦（建于 1959—1992 年）、亚特兰大的艺术博物馆（建于 1980—1983 年），特别是他在洛杉矶地区设计的、世界最昂贵的博物馆项目——保罗·盖蒂中心（建于 1954—1996 年），这些作品都充满了包豪斯建筑的冷漠、功能和理性的特点。所有基本现代主义的语汇和方法都被他采用了，其所设计的建筑整体高度理性化，全部用白色，安静、冷漠地传达了新现代主义的原则和立场。

除以上所述外，在现代主义与后现代主义设计思潮的推动下，还陆续涌现出了一批优秀的建筑设计师及其设计成果。埃罗·沙里宁是著名的芬兰裔美国建筑师，也是20世纪美国最富创造性的建筑师之一。他不断地设计新奇独特的作品，表现丰富多彩的建筑语汇，特别擅长根据项目的需要灵活改变其设计风格。埃罗·沙里宁较为重要的作品有圣路易市的杰佛逊纪念碑（1964年）、耶鲁大学冰球馆（1958年）、纽约肯尼迪机场环球航空公司候机楼（1956—1962年）和华盛顿杜勒斯机场候机楼（图12-54、图12-55）等。丹麦设计师约翰·伍重设计的悉尼歌剧院（图12-56、图12-57）曾被当时的媒体称为“用白瓷片覆盖的三组贝壳形的混凝土拱顶”，也因此获得普利兹克建筑奖。

图12-54　华盛顿杜勒斯机场候机楼顶部

图12-55　华盛顿杜勒斯机场候机楼外观

图12-56　悉尼歌剧院外观（1959-1973年）

图12-57 悉尼歌剧院内部

新现代主义的建筑目前方兴未艾，并且已经在平面设计上体现出了影响，其特点之一就是出现了新包豪斯风格：工整、功能性强、讲究传达功能、冷漠。但是，与包豪斯风格的强烈社会功能背景不同，新现代主义平面设计风格只是一种风格，而不再具有那种强烈的社会工程内容。

## 第三节 小结

世纪的交替不仅是一个滚动的时间坐标，还往往宣告某个新时代的来临。19 世纪末—20 世纪，西方社会在启蒙思潮的基础上完成了从机械化和城市化向自我回归意识的过渡历程，从 1901 年芝加哥的 22 层高楼到 1909 年纽约的 50 层商业办公楼，新技术与新材料工业化的飞速发展深刻改变了人类的生活方式，使城市建筑开始倾向于体量大型化、功能复合化、技术智能化、形式抽象化和类型统一化的整体设计趋势。21 世纪，网络时代已逐渐取代后现代工业文明的模糊概念而悄然登场，社会生活方式、文化与价值观念再一次发生深刻变化。简而言之，开放流通的信息化、兼容并包的多元化、环保节能的生态化以及以人为本的情感传达等代表着当代建筑设计的新方向。

## 思考题

1．什么是新建筑运动？

2．新建筑的探索为建筑设计的全面革新创造了什么样的条件？

3．工艺美术运动遵循什么理论？

4．简述新艺术运动在苏格兰的设计风格与特点。

5．新艺术运动对建筑有哪些影响？

6．简述维也纳分离派的产生。

7．在后现代主义的建筑中，主要有哪些设计风格？

8．高技派在审美观念方面有什么特点？

9．解构主义的设计理念是什么？

10．极少主义建筑设计的典型代表有哪些？

欧洲的现代主义与后现代主义建筑

# 参考文献 Reference

[1] 潘谷西．中国建筑史［M］．6版．北京：中国建筑工业出版社，2009.

[2] 梁思成．中国建筑史［M］．北京：生活·读书·新知三联书店，2010.

[3] 沈福煦，孔键．近代建筑流派演变与鉴赏［M］．上海：同济大学出版社，2008.

[4] 王其均．外国古代建筑史［M］．武汉：武汉大学出版社，2010.

[5] 陈志华．外国建筑史（19世纪末以前）［M］．北京：中国建筑工业出版社，1979.

[6] 李少林．西方建筑史［M］．呼和浩特：内蒙古人民出版社，2006.

[7] 尹国均．城市的尖叫：后现代建筑图景［M］．重庆：西南师范大学出版社，2008.

[8] （西）伊格拉西·德索拉-莫拉莱斯．差异：当代建筑的地志［M］．施植明，译．北京：中国水利水电出版社，知识产权出版社，2007.

[9] 维基百科：http://zh.wikipedia.org.

[10] 互动百科：http://www.hudong.com.